U0246782

主　　编：胡卉哲　孙敬华

书稿统筹：孙敬华

参与写作：胡卉哲　孙敬华　张冬青　黄毅纶　毛　达　张伯驹
　　　　　严美鹏　田　倩　罗　文

插　　画：吴　爽　戴　永　郭　晋　徐　方　吴剑俊　杨　丹
　　　　　陈轩昂

供　　图：王久良　孙敬华　毛　达　张伯驹　林莜竹　胡卉哲
　　　　　杨　丹　罗　文　杨　昱　王海丽　安　徽　张习文
　　　　　李玉强　秋吉枫　吴　骁　宫　悦　北京明悦学校
　　　　　北京五中　Marta　芜湖生态中心　利乐中国

特别鸣谢：北京市朝阳区科学技术委员会　利乐中国

北京市科学技术协会科普创作出版资金资助

LAJI MOFA SHU

垃圾魔法书

自然之友　编著

北京大学出版社
PEKING UNIVERSITY PRESS

图书在版编目(CIP)数据

垃圾魔法书/自然之友编著. —北京:北京大学出版
社,2017.11
ISBN 978-7-301-28824-5

Ⅰ.①垃… Ⅱ.①自… Ⅲ.①垃圾处理－普及读物
Ⅳ.①X705-49

中国版本图书馆CIP数据核字 (2017) 第237886号

书　　　　名	垃圾魔法书	
	LAJI MOFA SHU	
著作责任者	自然之友　编著	
责 任 编 辑	周志刚	
标 准 书 号	ISBN 978-7-301-28824-5	
出 版 发 行	北京大学出版社	
地　　　　址	北京市海淀区成府路205 号　 100871	
网　　　　址	http://www. pup. cn　　新浪微博:@ 北京大学出版社	
微信公众号	科学与艺术之声（微信号: sartspku）	
电 子 信 箱	zyl@pup. pku. edu. cn	
电　　　　话	邮购部62752015　发行部62750672　编辑部62753056	
印 刷 者	天津图文方嘉印刷有限公司	
经 销 者	新华书店	
	650毫米×980毫米　 16开本　 11印张　 136千字	
	2017年11月第1版　 2019年7月第3次印刷	
定　　　　价	45.00元	

目　录

引 子

"这些墙拐角处的垃圾堆,半夜在路上颠簸的一车车淤泥,使人厌恶的清道夫的载运车,铺路石遮盖的在地下流动着的臭污泥,你可知道这是什么?"

"这是鲜花盛开的牧场,是碧绿的草地,是薄荷草,是百里香,是鼠尾草,是野味,是家畜,是大群雄牛晚上知足的哞哞声,是喷香的干草,是金黄的麦穗,是你们桌上的面包,是你们血管中的血液,是健康,是快乐,是生命……"

上页两段话出自维克多·雨果的《悲惨世界》。

很少有人在看见垃圾的时候，会像雨果那样想到鲜花、牧场、食物和香味。但作家以其敏锐的觉察力和诗意的描述，一语道破了垃圾的"身世"——世上所有的垃圾，都曾是源于大自然的财富。

从大自然的财富到垃圾堆

它们曾是火热的能量和珍贵的原料，曾是涌动的生命之流的一部分，曾给人们的生活带来满足和快乐。可自从被丢弃的那一刻起，它们就变成了"废弃物"。如同被"黑魔法"附身，进入了另一个黑暗而隐秘的世界，被人们叫做"垃圾"。

"黑魔法"附身

　　"垃圾"是人们避之唯恐不及的"麻烦"，代表脏、无用、污染和危险。如果处理不当，垃圾不仅仅会腐败发臭，变成污秽的泥浆，而且会成为滋生疾疫的瘟神，成为恐怖的污染源，释放出各种有害物质，毒害河流、土壤和空气。

　　到底是什么样的"黑魔法"在起作用，让原本健康美好的物质变成恶毒丑陋的垃圾？自然界中每天都会有落叶、死去的植物、动物的粪便以及各种新陈代谢的产物，为何不会产生"垃圾"这样的恶魔？又是为什么，垃圾的增长总是和人类社会的发展紧密相连？越是现代、富足的生活，越是会产生大量的垃圾？

自然界中不会产生垃圾，人类才会制造垃圾

　　"资源"与"废弃物"本就是一体两面的存在，就如同光明总是与黑暗共生。

资源与废弃物是一体两面的关系

3

在自然界的生态系统中，没有所谓的废物，所有的物质都在复杂的生命之网中，经历或短促或漫长的过程，不断地循环。而各种各样的生命形式也正是在这不断的循环中得以存在。物质从某些生命中释放，马上又会进入新的循环，成为其他生命的组成部分。

生态系统中没有所谓的废物

但是，人类社会的生产和生活方式，很多情况下无法完成这样的循环，所以产生了垃圾。古老的"黑魔法"并不神秘，它只有一个简单的咒语，就是"抛弃"，不断地将认为不再具有价值的东西抛弃，这样的行为伴随人类社会诞生之始直至今日。从史前遗迹中连绵的贝冢，到现代巨大的垃圾填埋场，都塞满了被施加过"黑魔法"而变成垃圾的东西。随着技术和文明的进步，人类在 20 世纪进入了"大量生产、大量消费、再大量抛弃"的时代，更加让"黑魔法"火力全开，由此引发了大气污染、地下水污染、土壤污染等一系列环境和健康问题。

　　短短的两百年间，人类社会创造出巨大的财富，更多人享受到了科技昌明和物质文明快速发展带来的美好生活。但同时物品更新也越来越快，人们抛弃的东西也越来越多，这些东西的成分也越来越复杂。大量的垃圾如奔腾的洪流一般涌向城市边缘，汇聚成巨大的垃圾山和填埋场。

物质文明的发展带来生活享受，也带来垃圾洪流

　　"垃圾"问题成为现代社会越来越严重的威胁，人们也一直在寻找新的技术、发明和管理手段来应对不断增长的垃圾。但无论是填埋、焚烧，还是回收再利用，这些方法大都是被动地和已经产生的垃圾进行战斗，而对于"黑魔法"那越来越强大的咒语，人们却缺少应对之道。

　　其实，一直都有人在尝试阻止"黑魔法"的肆虐，并找到能够破解它的"白魔法"。"黑魔法"让大自然的财富变成危险的"垃圾"，"白魔法"却能避免让有价值的资源受到"黑魔法"的危害。"白魔法"尝试用各种方法来节约资源、减少垃圾的产生，并守护生命的循环。在本书中，你可以了解到很多这方面的故事。

尊敬的 **朋友:**

这本册子 里面不仅是关于 **"垃圾"** 问题的讨论，也是一封

求助信 和 **邀请函**。 因为 **"黑魔法"** 的肆虐，**垃圾**已经成为对 人类社会

的巨大威胁。因此，我们需要 更多 像你这样 **勇敢** **聪明** 而 的年轻人，

用自己的 *热情、行动，和智慧，* 共同创造出美丽的 *白魔法*

如果你已经准备好 **接受** 这个 邀请，也意味着你接下来要完成 *很多的思考*。 你不仅要了解

自然界万物循环的原理， *还要追溯人类* **"垃圾"** 的故事，试着分析身边

物质循环 的故事。 *更重要的是，* 要时刻关注 **"黑魔法"** 带来的破坏，

完成你的 *白魔法* *考验。*

希望你的学习之旅充满惊喜， *出发吧*！

第一章

"黑魔法" 制造垃圾

　　我们出发的地方就在这里，一个看似普通的垃圾箱。"垃圾"是我们生活中习以为常的东西，我们每天都会或多或少地产生垃圾，但很少有人会在垃圾面前停留。今天，我们不妨花一点时间，仔细地观察一下，这里到底有些什么？这里发生着什么事？

你在其中看到了什么？你能猜出它们来自哪里，是被谁丢弃的吗？你能看出它们为什么被丢弃吗？这里有没有什么东西会来自你家，或者是被你丢弃的呢？

在我们接下来的学习之旅中，还会有很多次回到这里。很多重要的学习过程，也将在这里展开。

思 考

- "垃圾"是必然存在的吗？
- "垃圾"是从来就有的吗？
- 人类每个时代的"垃圾"都相同吗？
- "垃圾"一直在增加吗？
- "垃圾"有可能减少吗？

1.1 节
自给自足的地球

地球的年龄大约在 40~46 亿年之间。经过亿万年漫长的发展，逐渐形成了相对稳定的状态并最终孕育出生命。从最初生命的诞生，到出现复杂的高等生命形态，这期间经过了千万年进化的旅程。

人类的出现是地球历史上很新又很短的一段。如果把地球的历史简化为 1 天的 24 小时，那么，人类是在这 24 小时的最后 3 分钟才进场的。

在人类出现之前，地球就已经具备了完整而复杂的生态系统，以其客观的运行规律支持着物质上的自给自足。在这个生态系统中，能量流动和物质循环通过各种方式支持着生命之流的延续。

在这样的自然界中，会不会出现"垃圾"呢？很显然，答案是否定的。

现在，让我们回到人类文明开始之前，看一看没有"垃圾"的世界是什么样的。

1.1.1 地球环境的组成

地球如同一艘满载各种美丽生命的宇航船,它为太阳所牵引,行驶在无尽星辰的宇宙之海。太阳为地球的生命之网输送着能量。除此以外,所有的物质都要由这艘船上的生态系统自给自足。

地球这艘小小的宇航船是幸运的,也是孤独的。宇宙中不会有补给船开过来,给它输送空气、水、土壤、植物或动物。地球上的物质都要依靠循环的方式,在生命之网中进行流动。如果某个循环过程被打乱或受到影响,那么很多生物都会受到影响。

地球不仅仅是一块漂浮在宇宙中的石头,而且是由生于其中的所有生物(动物、植物、微生物)及非生物的环境(阳光、空气、水、土壤等)共同组成的。在一定的空间范围内,生物与环境形成的统一整体,叫做生态系统。

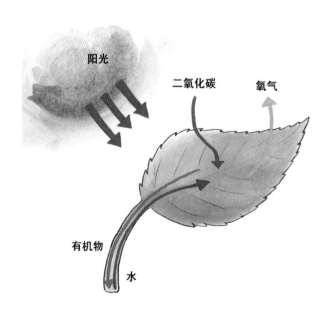

光合作用

在生态系统中，植物是**生产者**，能够通过光合作用制造有机物，这些有机物支持植物自身的生长，也让动物有了食物来源。

动物不会光合作用，但可以通过直接或间接地以植物为食，来获得有机物，因此动物被叫做**消费者**。

一个水果放久了会慢慢腐烂，腐烂的过程其实是一些我们肉眼看不到的微生物在起作用，如细菌和真菌等。它们把储存在植物和动物体内的有机物重新分解成无机物，返回到空气、土壤等环境中。这些无机物又为新的植物生长提供了支持。因此，这些微生物又常常被称为生态系统中的**分解者**。

生产者、消费者和分解者的关系示意图

地球能够维持物质上的自给自足，就是由生态系统中的生产者、消费者、分解者和影响这些生物生存的非生物环境间的关系决定的。

正是依靠着循环的作用，地球上的物质在总量基本不变的情况下，能够不断转换，成为不同的生命和非生命环境的组成部分。

背景资料

太 阳 船

太阳是地球的能量之源。除直接辐射外，太阳还为风能、水能、生物能和矿物能源等的产生提供基础。人类所需能量的绝大部分都直接或间接地来自太阳。正是各种植物通过光合作用把太阳能转变成化学能在植物体内贮存下来。煤炭、石油、天然气等化石燃料也是由古代埋在地下的动植物经过漫长的地质年代形成的。它们实质上是由古代生物固定下来的太阳能。此外，水能、风能、波浪能、海流能等也都是由太阳能转换来的。

正因为地球这艘满载各种美丽生命的宇航船是为太阳所牵引的，所以我们才称其为行驶在无尽星辰的宇宙之海中的"太阳船"。

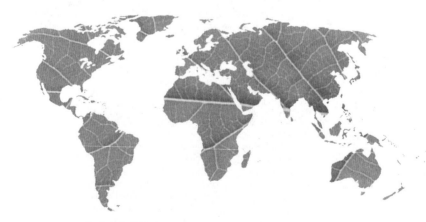

因为太阳提供了源源不断的能量，地球上才能生机盎然。

1.1.2 生态系统内的物质可以循环利用

你认为，在大自然的生态系统中，落叶是"垃圾"吗？动物捕食过程中掉落的碎屑是"垃圾"吗？为什么在大自然中在没有人去清扫处理的情况下，这些东西会逐渐消失不见呢？

一棵树活着的时候，通过呼吸及其他代谢活动与周围的环境进行物质交换。这棵树生命结束的时候，组成它身体的物质并不会消失，而是被不断地分解到环境中，继续成为其他生物的一部分。地球上的各种资源，如水、空气、碳元素等，都是以如此的方式循环往复，为不同的生命形式所使用。在这些过程中，几乎不会有所谓"垃圾"留存下来，大自然会将它们物尽其用。

但是人类的出现，在很大程度改变了地球上物质循环的方式。"垃圾"之所以出现，就是某些循环过程被影响的结果。我们将在下一节进入对于人类"垃圾"产生的讨论，追溯某些循环断裂的原因。

- 在生态系统概念里，人类是生产者、消费者还是分解者？
- 人类的行为对于其他扮演生产者、消费者和分解者的生物有过影响吗？
- 人类产生的"垃圾"，和生态系统中新陈代谢的产物有哪些共同点和不同点？
- 在大自然的生态系统中不存在"垃圾"，那么后来"垃圾"又是如何出现的呢？

1.1.3 扩展知识

我们通过下面的图示，以碳的循环利用为例来理解生态系统的物质循环过程。

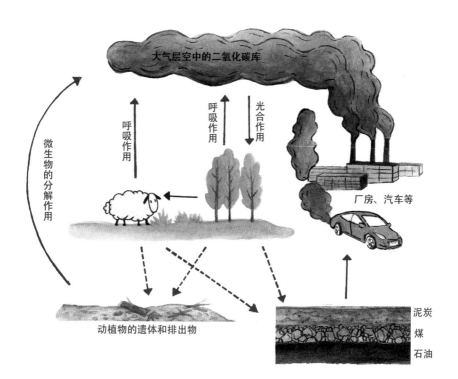

生态系统中的碳循环示意图

大自然有着自己的运行法则，在这个系统中，其各个组成成分都有自己的特定功能。物质可以实现循环利用、自给自足，并维持物质含量的稳定性，这依赖于生产者、消费者和分解者的呼吸作用。

1.2 节
人类与黑魔法

正如上一节内容所揭示的，在大自然生态系统的运行中，并没有所谓"垃圾"这种东西。"垃圾"是伴随着人类的发展而出现的，是一种人为的产物。那么人类是如何制造出"垃圾"的呢？"垃圾"在整个生态系统中又扮演着怎样的角色呢？

1.2.1　永恒的环

我们已经知道，构成自然界万物的基本物质并不会消失，而是在不同物体间以不同的形态（比如水分子、碳元素等），不断地循环往复。

现在，让我们来做一个图片排列游戏吧！以一棵树为例，下面的每一张图片，代表它生命的不同阶段。你能试着将这些不同的阶段，按照合理的顺序排列成一个循环的圆吗？试着说出它是如何完成这样的生命循环，每个阶段在它身上发生了什么样的改变，又有哪些环境要素是它完成这些物质循环不能缺少的。（当然了，如果你觉得图片中缺少某些环节，可以自己补充上。）

种子　　　　　　　　小苗　　　　　　　　大树

烂树叶　　　　　　　朽木　　　　　　　　腐殖土

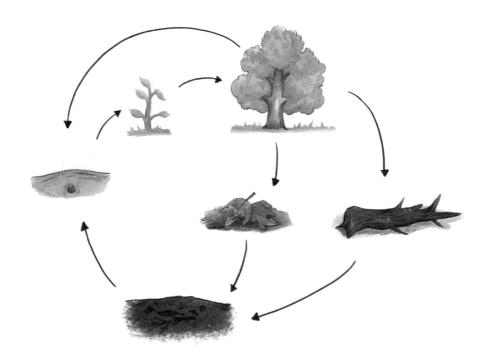

树的生命之环

　　你排列出循环的圆环了吗？看，这棵树，它从种子发芽、生长成为大树，经历许多次的开花、结果、枝叶凋落，再到衰老、死亡、腐朽，乃至重新成为土壤的一部分，不仅每个阶段都伴随着各种物质循环和能量流动，而且最终也会把构成自身的物质通过各种循环方式返回到自然界中。

　　而且，一棵树的生长并不能只依赖自身，它要依靠土壤获得养分，依靠太阳能进行光合作用，还需要很多的水分。它每时每刻都在与外界进行物质交换，一年四季，不停地变化。

　　接下来，我们再试着分析一只鸟儿或昆虫的一生。它们都是从哪里获得能量，又是如何与外界进行物质交换的呢？

　　你可能已经发现，不管过程多么漫长或复杂，自然界中的物质一直在保持流动或交换。循环，没有所谓的起点或终点。树木生长时从土壤中吸取养分，死后又被分解，变成新的土壤，支持新的种子成长为新芽。鸟儿吃植物的种子获得能量，死后身体被昆虫和微生物瓜分，继续成为土壤中的养分，支持植物长出新的种子供新的鸟儿食用……

生态循环

1.2.2 **断裂的链**

人类在发展过程中，发明和制造出很多自然界原本不存在的物品，比如：塑料盒、玻璃瓶、金属零件、橡胶轮胎、纸张，等等。虽然这些物品的原料也都来源于自然界，但由于人类的加工，比如提炼、浓缩、重新合成，甚至是人造的新材料等等，使得它们不再像自然物品那样容易分解；想让它们重新回归自然界的循环，就变得很困难，需要非常长的时间，甚至再也回不去。

现在，让我们再做一个新的图片排列游戏吧！这次，我们来试着从塑料为例，分析一下由人类制造出来的物品，看看它们来自于哪里，最终是否还能回归自然界，它们包含的物质如何进行循环，这些循环过程需要哪些额外的能量、资源或技术。（如果你觉得图片中缺少某些环节，可以自己补充上。）

远古动植物

远古动植物的遗骸

石油

塑料颗粒

塑料产品

废塑料

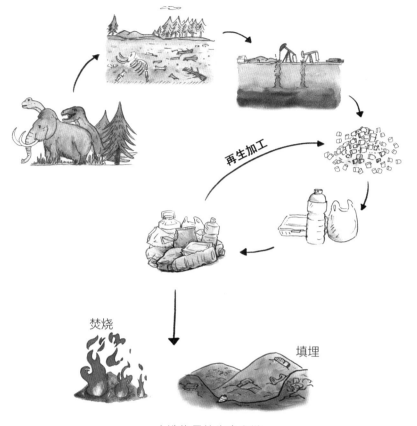

再生加工

焚烧

填埋

人造物品的生命之链

　　怎么样？这一次，你还能将这一组照片按照合理的顺序排列成一个循环的圆吗？

　　我们发现，这样的人造物品，无论其"生命周期"多长多复杂，也无论它们被回收再生重复利用了多少次，最终，它们一定难以避免被丢弃到垃圾堆的命运，也就无法回到自然界中去。

　　这些物品不能再参与自然界的循环，这会带来什么问题呢？

　　植物死了，微生物可以将其分解，使之重新进入自然界的物质循环中。而塑料这种纯粹人造的物质，是以石油为原料，经过复杂的工业技术加工而成。它很难被自然界中现有的微生物分解，更不可能再回到石油的状态。

纸张、棉布衣服的主要原料也是植物，但因为加工过程改变了其物质性状，再加上添加了其他化学材料，它们的成分变得越来越复杂，微生物更难将其分解。

于是，问题发生了：本来应该继续循环下去的物质，到这里忽然停滞了。物质循环的"环"断裂了，不再是无始无终的"环"，而成为了有头有尾的"链"。

背景资料 ....

人类制造塑料的历史

人类在发展过程中发明创造了很多新物质，比如塑料。塑料可算是人类发展中最具影响的发明之一，已经成为现代生活中应用最广的材料之一，为我们带来数不清的便利。很难想象，假如塑料忽然消失了，我们的生活将会是什么样！但塑料并不像木材那样是自然界原有的物质，而是人为合成的，到今天只有一百多年的时间。

公认的"塑料之父"是美国人贝克兰。他于 1907 为自己合成的新材料（他用自己的名字将其命名为"贝克利特"）申请到了专利，标志着塑料时代的到来。塑料发明之后，因其优越的特性（如可塑性强、质量轻等）很快得到广泛的应用，同时塑料自身也不断得到发展。今天我们统称为"塑料"的物质其实包含很多不同的种类，它们的原料、制作工艺和特性都不尽相同。塑料在带给我们好处的同时，也带来很多我们当初始料未及的麻烦，以至于人们将其称为"白色污染"。

塑料的危害有哪些呢？首先是制造了大量的垃圾。由于塑料的应用范围越来越广、社会需求量越来越大，因此白色污染也迅速蔓延。人们对于塑料过度依赖，一次性餐具、购物包装袋、农用地膜、饮料瓶等，都是使用时间短、抛弃速度快的产品，也是塑料垃圾产生的主要源头。大量的抛弃，必然给后端处理造成巨大压力。

理论上大部分塑料可以回收再利用，但资源再生过程中也会产生许多污染。而且很多种类的塑料价格低廉，回收利润有限，因此实际回收率很低。大量无法被回收的塑料便只能被丢弃，进入垃圾填埋场或垃圾焚烧厂。

塑料是难以降解的人造物质，在自然条件下分解速度极为缓慢。当它进入垃圾填埋场，大约需要二百年到四百年才能降解。

如果把塑料进行焚烧，则会产生危害非常大的有毒气体！其中最令人担忧的二噁英，是受《斯德哥尔摩公约》管制的持久性有机污染物 (POPs)，可以在排放后远距离扩散。二噁英主要通过食物链进入人体内，可导致生殖和发育问题，损害免疫系统，干扰激素，还可能导致癌症。

在世界各地，乱丢的塑料被动物误食导致动物死亡的情况也屡见不鲜。尤其是以塑料成分为主的海洋垃圾，是无数海洋生物的梦魇。人们经常在死去的海鸟、海龟、鱼类等的遗体内，发现大量无法消化的塑料垃圾。即使这些垃圾逐渐老化变成碎屑，其成分也依然是塑料，一旦进入海洋生物体内，即可通过食物链影响到人类。

对于塑料垃圾的处理，人类至今也没有找到十分满意的办法。对此，人类能不能从中吸取什么教训呢？

1.2.3　垃圾出现了

人类制造的很多物品在使用之后，大部分都无法依靠自然的力量来分解。制造它们所使用的各种物质，停留在这些物品中，无法再进入自然循环。这个时候，"黑魔法"出现了。

物品被不断地制造，用过之后又不断被丢弃。它们越积越多，于是便成了"垃圾"。不错，这正是垃圾产生的根本原因。

人类的这种行为，其影响不仅是制造了"垃圾"，它还消耗了地球上的自然资源，包括能源。人类制造物品的原料和能源都源于自然界，这些原料的形成可能需要几十亿年甚至更久的时间，经人类开采使用之后又不能很快回归自然界，其消耗速度远远快于形成的速度。为了满足所需，人类不断地从自然界中开采，于是，能源危机、资源枯竭以及为了开采更多资源而产生的生态破坏等问题随之而来。

人类发展对自然界的改变是如此之大，已经直接威胁到人类自己的生存。

为了舒适，人类不断从自然界攫取资源

游戏 认祖归宗

我们丢弃的垃圾，其原料都来源于自然界。请你来分辨一下，以下这些垃圾，它们的"老祖宗"是谁呢？注意，有些垃圾是"混血儿"，不只拥有一位祖先哟！

怎么样，你替各种垃圾找到祖先了吗？请给它们连线吧。

动植物

砂石或黏土

金属矿石

石油

1. 动物和植物：

a. 来源于动物的，主要是食品类和服装类，
如：鱼刺、羊毛衫、皮鞋、羽绒服。
不过，皮鞋的鞋底多为塑料或合成橡胶，
鞋带多是尼龙绳，羽绒服面料则多为涤纶
锦纶等化纤面料，这些成分都来源于石油。

b. 来源于植物的，有食品类、纸类、棉布
类等，如：报纸、牛奶盒、卫生纸、纸质鸡蛋托、纸尿裤、一次性筷子、
棉布衫、苹果核。

纸，是用植物纤维制作的，应用范围很广。但牛奶盒一般是复合材料，
包含塑料层、铝箔层，是典型的"混血儿"。纸尿裤的成分则更复杂。
那么，湿巾是不是纸做的呢？你来亲手摸一摸、撕一撕吧。咦？好像
不是纸！那它到底是什么材料呢？

2. 砂石或黏土：玻璃瓶、灯泡、碎陶瓷

陶瓷器皿等是用黏土高温烧制而成的。远
古时期，人类已经开始烧制并使用陶器。
玻璃是向石英砂中加入钠和钙的化合物，
加热熔融在一起后生成的。
这些物品即使再加热也不会燃烧。它们都
是无机物。

3. 金属矿石：易拉罐、铝箔、干电池、圆珠笔、节能灯泡、牛奶盒。

易拉罐主要分为不锈钢罐和铝罐两种。

干电池的主要原料是金属。

作为食品药品包装的铝箔，是将铝压薄做成的。而许多牛奶盒也含有铝箔层。铝箔可以充分隔绝外界的光、湿、气，延长食品保质期。

圆珠笔、节能灯泡中，部分零件是金属的。作业本中如果有订书钉，那也是金属的。

地球上的金属矿藏是有限的。现在我们生活中随处可见的金属，好像并不起眼，但未来这些天然原料会越来越少，直至枯竭。

4. 石油：

矿泉水瓶、尼龙绳、羽绒服、腈纶衣服、湿巾、无纺布口袋、牛奶盒、皮鞋、纸尿裤、干电池、食品保鲜膜、圆珠笔、食品包装袋、胶带、塑料盒、节能灯泡……它们，或它们的一部分，都来源于石油。（我们之前讨论过的湿巾，它的主材其实是无纺布，也来源于石油。你猜对了吗？）

石油是由远古动植物遗体经过非常复杂的变化而形成的一种粘稠状液体，是极其宝贵的矿产资源，是重要的能源，又是主要的化工原料。

石油炼制，可以得到汽油、煤油、柴油等燃料和润滑油、气态烃等产品。

利用石油产品作原料，可以制造塑料、合成纤维、合成橡胶、油漆等产品。

石油产品应用范围非常广，所以人们把石油称为"工业的血液"。

游戏 自然降解时间排序

刚才这些垃圾，我们已经简单地根据原材料把它们分成了四大类，找到了各自的"祖宗"。那么，这四大类垃圾，如果埋进土里或丢弃在大自然中，谁被大自然分解的速度快、谁的速度慢呢？来给它们排排序吧，并猜猜它们的"自然降解时间"会有多长。

1. 动物和植物；2. 砂石或黏土；3. 金属矿石；4. 石油

你排好顺序了吗？

游戏解答

不同物质（垃圾）在土地中自然降解的时间：

第一组　金属：百年以上

第二组　砂石或黏土：数千年

第三组　石油：百年以上

第四组　动植物：几个月—几年

看到了吧，大自然消纳人造垃圾的能力，并不强大。我们随手丢弃的湿巾、易拉罐或玻璃瓶，会在自然界中存在成百上千年！

背景资料

关于能源危机

石油储量的综合估算，可支配的化石能源的极限，大约为1180~1510亿吨，以1995年世界石油的年开采量33.2亿吨计算，石油储量大约会在2050年左右枯竭。天然气储备估计在131800~152900兆立方米。年开采量维持在2300兆立方米，将在57~65年内枯竭。煤的储量约为5600亿吨。1995年煤炭开采量为33亿吨，可以供应169年。化石能源与原料链条的中断，极有可能导致世界经济危机和冲突的加剧，最终葬送现代市场经济。

- 请你选择自己日常生活中接触最多的一种自然物体和一种人造物品，分析和比较它们的物质循环圈。

- 垃圾在生态系统中处于怎样的位置？对生态系统会产生哪些影响？对人类的生存会有哪些影响？

- 我们应该怎样对待生活中产生的垃圾？随手扔掉吗？

我与垃圾

第二章

垃圾到哪儿去了

　　物质在自然界中进行着循环，有时会成为生命体（有机体）的一部分，有时又回到无机环境。某个有机体的"废弃物"，很可能就是另外某个有机体的"营养物"。这种循环利用的方式非常重要，一旦某些"最终产品"在环境中堆积，其结果也会影响到其他生命形式的存在和发展。人类制造的那些无法再进入循环的"最终产品"，就是垃圾。

　　既然垃圾一直伴随着人类的生活，那么历史上都有过哪些应对垃圾的方法呢？在科技发展一日千里的现代，我们又有什么新的方法来应对新的垃圾挑战呢？

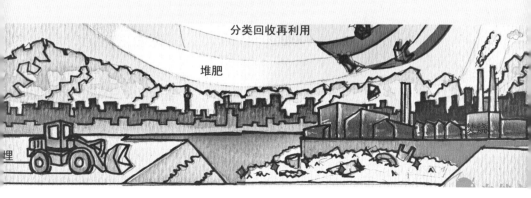

　　现在让我们再次回到这个垃圾桶旁。我们已经知道，被丢弃在这里的所有东西，都曾经是自然的一部分，是曾经的"资源"。

　　这些东西从垃圾桶出发后，会被送到哪里？会变成什么样？会被如何处理？它们是被回收、变成其他东西后再利用？还是会一直以垃圾的方式存在，变成破坏环境的污染源？

　　如果由你来负责处理这个垃圾箱里的东西，你有什么好办法吗？

与垃圾为伴的人类史

从古至今，虽然文明不断进步，但人类几千年来在处理垃圾的方式上没有什么本质的变化。

2.1.1　态度一：眼不见为净

狩猎时代，垃圾只需顺手一丢。随着农耕社会的到来，定居的人们就需要想出更多办法来面对堆积如山的垃圾。或者是"倒"，或者是"烧"，其根本出发点都是"眼不见为净"。工业革命后，垃圾不断增加，随之而来的环境和健康问题也越发凸显，人们就更加迫切地要让垃圾从眼前消失。

眼不见为净

贝冢

文明出现之后，人们对垃圾采用的第一个方法，就是"倒"。

世界各地广泛分布的"贝冢"，其实就是由新石器时代的古人吃剩的贝壳、食物残渣堆积而成。在北大西洋至墨西哥沿岸分布着数千个大型贝冢。有的平均厚达 3 米，铺满 10 公顷的土地。

美国德克萨斯州瓜达卢佩海岸的蚌类贝冢

不断长高的城市

公元前 16 世纪的古特洛伊城里，人们习惯于把垃圾丢弃在室内地面上。每当建筑物内的地面被骨头和其他垃圾堆满时，人们就会选择用干净的黏土把垃圾埋起来，再在上面重新铺出一层厚厚的地板。因此每到一定时期，屋子的地板就会升高一截，直到加无可加，索性将房顶拆掉，在层层垃圾上又起新屋。

不仅室内是这样，整个特洛伊城也是这样不断埋掉垃圾、再建新屋。据估算，平均每个世纪，特洛伊城升高 1.43 米！

与此相似，很多中东的古代城市往往建立在大型土墩上，比周围的平原高出很多。这些土墩其实就是垃圾堆，里面蕴藏着千百年来人类生活的各种遗迹。某些城市"长高"的速度甚至高达每世纪 4 米！

瘟疫之源

到了中世纪，人类随意抛洒垃圾的恶习依然持续且愈演愈烈。

据史载，15 世纪时，法国国王路易十一有一天夜里在街头散步，忽然听见楼上一声喊："下面的人注意了！"还没等他反应过来，就被一个大学生泼向窗外的粪便浇了一头。路易十一居然没有恼怒，反而留下一笔赏金，以"鼓励这名大学生熬夜读书的努力"。

路易十一被粪便浇了一头

路易十一之所以没惩罚那位大学生，是因为当时欧洲城市居民都在理直气壮地往门窗外肆意抛掷垃圾粪便。但当时的人们还不清楚，从 14 世纪开始肆虐欧洲、葬送欧洲 1/3 人口的黑死病，与当地人们乱丢垃圾、乱排粪便的习惯密不可分——死神就藏身于肮脏污秽的街巷和堆满垃圾的河道，借助恐怖的瘟疫，将原本繁华的人间变成地狱！

黑死病葬送了数量惊人的欧洲人口

从抛洒到焚烧

古代的玛雅人把有机垃圾堆放在露天的垃圾场，这些垃圾堆内部会发生自燃。人们发现，燃烧后腾出了更多空间，可以容纳更多的垃圾。

工业革命之后，都市垃圾的数量达到了令人惊恐的程度，种类也越来越丰富。从各处涌出的垃圾如洪水般汇聚在一起，迅速堆积成垃圾的高山和海洋。很多大城市周边的土地变成了露天垃圾场。随意抛洒的露天垃圾场成为瘟疫之床、污染之源。它们不仅散发出难闻的气味，还会污染水源和土壤，住在附近的居民深受其害。

当堆到无法忍受或干脆无处可堆的时候，人们就开始烧垃圾。一开始露天烧、用炉子烧，后来用改进过的焚烧炉烧。但是，烧过的垃圾并没有消失，只是变身为气体和烟尘，成为另一种形态的污染源，依然盘踞在人们身边。

焚烧垃圾并不会使垃圾消失

海洋中的"垃圾板块"

随着时代发展，垃圾问题不再只是某一地区某个国家的问题，而逐渐演变为全人类共同的难题。甚至不只是影响人类，也影响到整个地球的生态。

在太平洋的夏威夷海岸与北美洲海岸之间，顺时针流动的海水，把来自世界各地的数百万吨垃圾聚集起来，组成了一个巨大的"新大陆"——也被称为"太平洋垃圾大板块"。

2008年，这个板块的面积为343万平方公里，相当于欧洲面积的三分之一或法国国土面积的6倍多。到2030年，这一板块的面积还可能增加9倍。据统计，在这一水域，塑料垃圾的厚度可达30米，每平方公里海面就有330万件大大小小的垃圾：从废弃渔网到塑料袋、废弃塑料瓶、香烟过滤嘴……

"垃圾板块"给海洋生物造成的损害将无法弥补。由于这些塑料垃圾平均寿命超过500年且不能自然降解，随着时间推移，它们只能在海洋中分解成越来越小的碎块或颗粒，而分子结构却没有改变，只是变成大量的"塑料沙子"。海洋生物和海鸟会误食这些无法消化、难以排泄的塑料颗粒，最终导致死亡。另外，这些塑料颗粒还能像海绵一样吸附毒素，其连锁反应会通过食物链扩大并传至人类。

把垃圾扔到别人家院子里

面对垃圾，普通人的反应通常是：Not in my back yard（别在我家后院）。而为了避免自己家被垃圾堆满，就把垃圾扔到别人家院子里。这缺德事世界各地都有人在干，而且是把垃圾丢弃到比自己更贫穷更不发达的地区。例如，城市垃圾一股脑运到农村埋掉或烧掉。而从全球范围来看，最严重的就是跨境垃圾转移。

1987 年，美国纽约一艘名为莫布罗号的驳船，装满垃圾驶出港口，试图在纽约港和墨西哥湾之间寻找可以"卸货"的廉价垃圾场，可是经过五十多天的海上航行，垃圾被沿途各港口拒收，莫布罗号驳船最终无奈驶回纽约，这批垃圾还是在布鲁克林被烧掉了。

地球上每天都有驳船在进行跨境垃圾转移

数十年来，由于本国的垃圾处置费用高昂，许多发达国家不断把自己的垃圾转移到亚洲、非洲的发展中国家，把那些地区变成了"世界的垃圾场"。

其中，电子垃圾是最典型的。全世界 80% 的电子垃圾出口到亚洲，中国更是重灾区。而发展中国家的环境标准一般较低、处置费用也很低，因此很难做好对有毒有害垃圾的污染防控，这更威胁到当地的生态环境和人群健康。

为了控遏制发达国家向发展中国家输送有毒垃圾，国际社会制定了一系列公约，如控制危险废物越境转移及处理的《巴塞尔公约》。中国已于 1990 年 3 月 22 日签署。不过这些国际公约并没能完全阻止有毒垃圾的流通。目前，从欧洲运往发展中国家处理的垃圾中，70% 都是通过非法手段转移的。

这种"垃圾侵略"已经成为发达国家向发展中国家进行环境资源掠夺的手段之一。广大发展中国家如果不能从长远利益出发、采取有效的应对政策，就必定会为自己及子孙后代留下无穷隐患。

我国于 1996 年 4 月 1 日开始施行的《固体废物污染环境防治法》规定，"禁止中华人民共和国境外的固体废物进境倾倒、堆放、处置"，"禁止进口不能用作原料或者不能以无害化方式利用的固体废物；对可以用作原料的固体废物实行限制进口和非限制进口分类管理"。

而在 2017 年 7 月，中国正式通知世界贸易组织 (WTO)，表示年底开始将不再接收外来垃圾，包括废弃塑胶、纸类、废弃炉渣、与纺织品等"一般可回收利用的固体垃圾"。因为这些可回收利用的垃圾中也常掺杂为数不少的高污染垃圾与危险性废物，污染中国环境，威胁人民健康。

这些法律法规昭示了我国的明确态度："中国不是世界垃圾场"，任何时候都不能以牺牲生态环境为代价！

2.1.2 态度二：管控与再利用

虽然"眼不见为净"是古今中外人们对垃圾的普遍态度，但与此同时，对垃圾的管控与再利用，也贯穿在人类发展史中。

垃圾清扫，城市管理的重要一环

西方历史上第一项关于垃圾管理的法令的诞生是在公元前 5 世纪。当时，雅典颁布法令，禁止向街道丢弃垃圾，且清洁工必须将垃圾丢弃到距离城墙 1.6 千米以外的地方。雅典人还设置了堆肥坑来处理有机垃圾。

中国古籍中则有更严峻的刑罚记载，商代即有"弃灰之法"。《韩非子·内储说上》说："殷之法，刑弃灰于街者。"乱丢垃圾的惩罚居然是"断其手"。

对于垃圾管理，是不是所有的法令都行之有效呢？

以法国为例，法国历史上第一位下令抑制垃圾蔓延的国王，是 12 世纪的腓力二世·奥古斯都，他要求把城市的大街小巷都铺成砖道，以便清扫垃圾。但居民并不热情，只有两条十字形的主干道铺上了砖。14 世纪黑死病席卷巴黎，路政官强令居民把垃圾和污泥运到指定地点，依然鲜有居民遵从。更多垃圾被倾倒进塞纳河。连罚款、关监狱，甚至死刑威胁，都没能彻底改变人们的生活习惯。

之后的几个世纪，巴黎颁布过很多关于垃圾的法令，但大都没能被有效执行。不过城市管理者逐渐积累了垃圾管理的经验，担负起对垃圾进行统一清运和处理的角色。清洁工这一行业越来越专业，垃圾收集方式逐渐完备，出现了公共垃圾箱和密闭垃圾车。而垃圾税、垃圾费的经济杠杆，也逐渐起到了管控作用。

从放任，到"无害化"

千百年来，人们习惯于把垃圾倾倒在城市周边或农村。当城市不断扩大，垃圾场也被纳入城市版图中。天然垃圾场，也叫做"野垃圾场"，无时无刻不在威胁着周围的环境：恶臭、地下水污染、土壤污染……尤其是有毒的化学废品和工业垃圾，让"垃圾围城"更增添了致命的隐患。

为了避免野垃圾场的危害，20世纪初，"卫生填埋法"诞生了。在这种正规的垃圾填埋场里，管理方式不再是露天随意倾倒，而是如同一项系统性的建筑工程，从场地勘测、防渗处理，到分层填埋、土层覆盖，乃至垃圾渗沥液和沼气渗出处理，都要做到有效控制，将污染尽可能降低。而且，"卫生填埋场"必须严格限制危险废物入场，将有毒垃圾拒之门外。

对于垃圾焚烧的管理也是如此，焚烧炉的技术日新月异，朝着尽可能减少有毒气体排放的方向发展。

人们在经受过无数垃圾困扰后，才后知后觉地承认，无论是露天堆放的垃圾、要烧掉的垃圾，还是要再回收的垃圾，都必须经过一定的技术处理，以保证其中的有毒有害物质不会扩散出去污染环境。这个过程叫做"无害化"。

背景资料

无 害 化

垃圾无害化处理，意味着垃圾管理、处理、处置过程中的所有活动（包括填埋、焚烧、回收、再处理等）都不应该对环境和人体健康产生危害。这里说的"危害"，既包括臭气、蚊蝇、细菌、病毒等明显的危害，也包括不太明显的有毒化学物质。无害化应成为垃圾管理全过程的要求，同时也是任何一种垃圾处理方法的前提。只要是垃圾，就应该进行无害化处理。目前我国大部分城镇都能做到垃圾集中处理，但要做到无害化处理尚有巨大的提升空间。

历史最悠久的再利用方法——垃圾肥田

古人比今人幸运的是，当时的垃圾成分比较简单，没有后世创造出的塑料等难以降解的物质，占比最高的就是粪便、泔水等富含有机质的废弃物。而这些垃圾，是最容易被再利用的。

西汉农学著作《氾胜之书》写到，商代的伊尹"教民粪种，负水浇稼"，也就是指导人们用粪便来堆肥浇田。此后，历朝历代的中华大地上，农民收集垃圾粪便以应用于农业耕作，都是必然的选择。

随着社会发展，越来越多大城市出现了，人口更加集中，于是就有人从事专门的职业，收运粪便后卖给农民，既肥了田，又解决了城市的环境卫生问题。

南宋《梦粱录》记载了杭州城用水路运输粪肥："更有载垃圾粪土之船，成群搬运而去。"甚至收粪肥这一行业，也有巨大的利益之争："街巷小民之家，多无坑厕，只用马桶，每日自有出粪人去，谓之'倾脚头'，各有主顾，不敢侵夺。或有侵夺，粪主必与之争，甚者经府大讼，胜而后已。"

直至现代，"庄稼一枝花，全靠粪当家"依然是著名的农谚。在几十年前的中国农村，随手捡拾粪块去肥田依然是生活常态，直到越来越多的化肥代替了农家肥。

不止中国，世界各国几乎都有类似的"垃圾肥田"历史。垃圾服务于农业，一直是各国处理有机垃圾的首选。

在古罗马时代，人们就用瓦罐收集生活垃圾，由农民定期运走。

17世纪，英国出现"混合肥料"，即把土、植物、灰烬、木屑、骨头、碎皮革、生活垃圾等一层层堆放，等其发酵成肥料。这样既可以改良土壤，又能减少垃圾填埋的污染。其中一部分加工过程是在居民自己家里进行，这更降低了垃圾收集的成本。

19世纪，系统使用肥料的地区，农作物产量明显高于其他地区。一些有经营头脑的英国人甚至把滑铁卢战场和克里米亚战场上的白骨也收集起来，运到农场，当作磷酸肥使用。

19世纪的巴黎，有一半左右的垃圾被农民回收了。每天黎明时分，农民分区域清扫垃圾，并运走烂泥。维克多·雨果写道："把垃圾归还土地，您就会获得富足。让平原得到营养，人类就能收获粮食。"菜农们进城的车子里装满蔬菜，出城时则拉走烂菜叶。左拉在《巴黎的肚子》里描写："从这个大菜篮子里掉下来的垃圾并未丧失生命力，它们又回到菜地，给新一茬白菜、萝卜、胡萝卜提供养料；它们一层层堆在地里，获得了新生。不知疲倦的土地一次次把腐朽化为新的生命。"

但有机垃圾与土地的紧密联系，从19世纪末开始受到了威胁。在生活垃圾中，果皮菜叶等生物质垃圾的比例逐渐降低，而金属、玻璃、纸张以及各种包装物越来越多，尤其是后来横空出世的塑料类垃圾。这些难以降解的人造垃圾，是无法通过堆肥回归土地的。人们慢慢意识到：唯有把混合垃圾之中的有机垃圾分离出来、单独处理，才能给它们新生。

垃圾再利用

除了垃圾肥田之外，人类历史上也有许多垃圾再利用的例子，比如，用有机垃圾来喂猪，就能获得低成本的肉类。

近一二百年，垃圾的种类更加多元。随着工业、商品经济高速发展，尤其是包装物在垃圾中的占比越来越高，人们的垃圾堆中，开始充斥着越来越丰富的垃圾种类：玻璃、塑料、橡胶、金属、纸张、纺织品……这些人造物品，大都能够重复利用，从而节省原材料的开采成本。

所以，垃圾堆的经济价值显而易见。废品回收业，或曰资源回收业，早已是人类社会中非常重要的一个行业。

相关视频：喜欢，就扫我吧！

你不知道的垃圾历史

（自然之友授权使用）

垃圾处理的老办法

2.2.1 三板斧

当今世界，虽然现代科技发展一日千里，但人们处理垃圾的方法仍然乏善可陈，基本方式仍然只有三种。

倾倒 & 填埋

过去人们把垃圾扔在窗外、街道、河流、海洋、港口、农田等任何可以扔的地方。今日很多村镇依然沿用此法。在城市里，大部分垃圾都会被运送到垃圾填埋场。

露天垃圾发生自燃　　　　　　露天垃圾与农田为伴

　　现代的卫生填埋场经过层层防渗及除臭，基本能够做到短期内的垃圾无害化。但维护成本较高，浪费了宝贵的土地资源。进入垃圾填埋场的多是混合垃圾，各种厨余、塑料、金属、纸张等混杂在一起，这样的垃圾很难在填埋场被降解。即使在几十年后，依然无法被消解。

垃圾填埋场

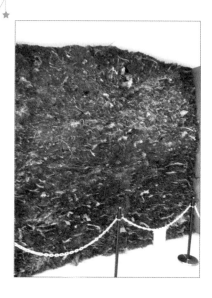

日本丰岛垃圾墙
位于日本丰岛的垃圾墙，取自当地的非法填埋场，最深处达 10 米。墙内累积了超过20年间填埋在此处的各种垃圾。非法垃圾填埋场已被清理完善，但当地仍保留了当年非法填埋场的纪念馆，以警示后人。

北京南海子公园
南海子曾是北京城南最大的湿地，也曾是皇家猎苑，后来成为非正规填埋场，垃圾填埋最深处达 27 米。2009 年，北京市政府对垃圾进行筛分处理、合理利用和封固，改建成美丽的公园。

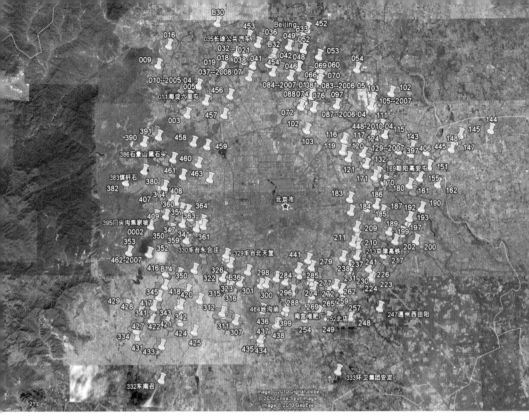

北京垃圾围城的地图。由摄影师王久良于 2008 年左右实地勘察后绘制。图中每个黄色标签代表一个垃圾填埋场，其中包括 11 座正规运营的市属大型填埋场。

倾倒或填埋的方式不仅占用大量土地，而且易产生危险的渗滤液污染土壤和水源，也容易产生恶臭气味影响到周围民众的生活。

当城市周边的填埋场被填满，再也没有多余的土地可以装垃圾的时候，就需要大规模的"焚烧"了。

焚烧

"用火烧"一直被当作最简便的垃圾处理法。看上去，噗的一声，垃圾无踪，但实际情况并非如此。垃圾和其中的有毒物质并不会凭空消失，只是一部分转化为气体形态排入大气中，一部分藏身于焚烧后的灰烬之中，最终依然会影响到我们赖以生存的环境。

中国很多地方依然把露天焚烧和老式焚烧炉作为垃圾处理的主力，其代价是严重的空气污染和对周边居民健康的损害。现代的焚烧技术已经出现了很多新型工艺及其相应的空气净化技术，但依然不能避免如硫氮化

露天焚烧

物、二噁英等持久性有机污染物及其他有毒物质的排放。同时，任何形式的焚烧炉都会耗费大量的能源，其焚烧时消耗的高能量与焚烧后得到的能源往往不成正比。

大型垃圾焚烧设备的选址，也很容易成为备受争议的社会问题。无论是垃圾填埋场还是焚烧厂，没有人希望它们建在自家门口。如果这些设施距离居民区太近，就会引起当地社区的不满和反弹，遭到民众的抵制。最终有可能建在居民较少或者经济欠发达地区。这样的安排对当地居民和环境都是很不公平的。

何况，看不见不等于没有。焚烧产生的各种有毒有害气体，不会因为地区的分界而停止扩散的旅程。有毒物质完全有可能翻山越岭，飘扬过海，散播到很远的地方。面对这样的环境威胁，没有人能够独善其身。

垃圾焚烧厂

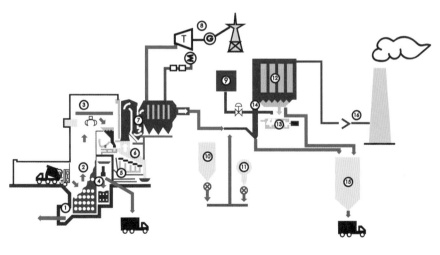

1 渗沥液坑	5 鼓风机	9 水罐	13 增湿器
2 垃圾坑	6 焚烧炉排	10 硝石灰罐	14 烟道反应器
3 垃圾抓吊	7 余热锅炉	11 活性碳罐	15 飞灰罐
4 渣坑	8 汽轮发电机组	12 布袋除尘器	16 引风机

炉排焚烧炉工艺流程

背景资料

关于垃圾焚烧的几个误区

选编自美国圣劳伦斯大学保尔·科耐特教授（Paul Connett）的《零废弃解决方案》

误区 1. 焚烧发电能回收能量，是对垃圾的有效再利用，是绿色产业。

答：实际情况是，整个社会减少垃圾产生、更多地重复利用旧物品、更多地循环利用资源，都比焚烧更节能。

"焚烧产能"的说法，让人只看到焚烧带来的本地能源利用效益，忽视了在国家和全球层面造成的能源浪费。循环利用和堆肥处理所节省的能源，比焚烧厂发电产生的能量多 3 至 4 倍。回收利用 PET 塑料瓶产生的节能效果比焚烧产能高出 26 倍。

物资	循环利用带来的节能（GJ/t）	焚烧产能（GJ/t）	相差倍数（循环利用对比焚烧）
新闻纸	6.33	2.62	2.4
精细纸	15.87	2.23	7.1
纸板	8.56	2.31	3.7
其他纸张	9.49	2.25	4.2
HDPE 塑料	64.27	6.30	10.2
PET 塑料	85.16	3.22	26.4
其他塑料	52.09	4.76	10.9

（注：GJ/t：吉焦/吨。GJ 即吉焦，热量单位。1 吉焦 =10 亿焦耳。）

误区 2. 焚烧可完全替代填埋，节省土地。

答：焚烧厂不能解决填埋的问题。垃圾经焚烧会产生相当于原重 25% 左右的灰渣，仍不得不找地方填埋。灰渣有两种，一种是底渣（占总体灰渣的 90%），主要通过炉排的运动最终滑落到焚烧炉的底部。另一种是飞灰,即随烟气一起流动的非常细小的颗粒物。理想状态下,飞灰可在流经锅炉、热交换器和烟气净化设备时被捕获,但仍有一小部分会逃逸到大气当中。飞灰毒性非常强,而底渣也是有毒的。

在某些地方,飞灰会被送进水泥窑,但最后产生的水泥产品却没有警示信息,即标明其含有危险成分,如有毒金属和二噁英。

误区 3. 现代科技进步可以保证焚烧厂不排放有毒气体。

答:毋庸置疑,自 20 世纪 80 年代以来,焚烧行业通过更好的工业设计、管理和监测,有效降低了二噁英排放,但这并不意味着当今所有在运行或即将投入运行的焚烧厂能够保证在常规状态下运行。

焚烧厂排放的污染物包括有毒金属、二噁英以及与二噁英有关的化合物,其中一些具有很强持久性或具有永久危害,会干扰人类的生殖和智力发育,破坏免疫系统。

保护公众免于焚烧厂有毒污染物排放威胁,必要条件有三点:严格的法规、科学的监测、严格的执法。如果这三点不能完全做到,人们就都会面临健康的威胁。

误区 4. 面对垃圾狂潮,焚烧是最立竿见影的办法。

答:短视的"求快"背后,无穷无尽的垃圾问题无法根治。

如果某地投入巨资建起焚烧厂,未来垃圾管理模式的可选性将大大降低。欧盟前废弃物管理执行官路德维希·克雷默(Ludwig Kraemer)说:"焚烧厂一旦建起,所在地区必须要保证足量的垃圾供给,不断给它'喂食'。所以在二十至三十年内,焚烧厂将扼杀当地的社会创新，扼杀替代方案；它就像是一头需要不断用垃圾填饱肚子的怪物。"

事实上，目前全球许多地区的公众对循环利用和可持续发展的理念越来越认同，对惜物节约的价值观也越来越重视。各国人民逐渐认识到，垃圾焚烧已经不能适应社会的进步。

误区 5. 垃圾焚烧是发达国家的优先选择。

答：在全球层面，垃圾焚烧已经是"夕阳产业"。西方发达国家在对待焚烧的态度上发生了根本性的变化。2008 年，欧盟委员会正式发布了垃圾管理的"框架指令"，明确了垃圾管理对策应遵循优先次序原则，焚烧与填埋都是其中较差的选项。2012 年，欧盟委员会又发布了"欧洲资源效率路线图"，提出要在 2020 年以前停止将可回收和可堆肥废弃物送入焚烧厂。

误区 6. 当土地紧缺时，焚烧是人类消灭垃圾的最优方案。

答：错！垃圾焚烧有很好的替代方案。（见本书第三章"白魔法"的内容。）

回收再利用

　　也称作"资源化处理"或"垃圾资源化"。农村用馊水喂猪、收集粪尿发酵沤肥等都属于此类；将金属、玻璃、纸张等废弃物回收再加工，也是我们熟悉的方法；还有利用厨余和园林垃圾堆肥等。

　　人们对垃圾再利用的热情，绝大多数来源于经济需求。古往今来，从个体拾荒者，到集团式企业式的废品回收，乃至政府主导的资源回收再生体系，都在经济杠杆作用下，为垃圾创造着再生的机会。

资源回收中转站图片

但经济杠杆反过来也会阻碍资源回收。比如：回收垃圾需要大量的人力物力成本，收集、分拣、清洗、运输、储存、再生加工……这样算下来，与直接运到垃圾场填埋或焚烧相比，资源回收甚至有可能要投入更多的钱。尤其当市场上能源和原材料很充足很便宜时，再生材料就很难与新材料竞争。

而回收利用过程中产生的资源消耗和污染，造成的环境损伤也不可小视。于是，有的国家选择把回收来的垃圾低价出口，而不是自己处理，以规避环境污染成本。

由此看来，垃圾回收再利用也并非根治垃圾问题的法宝。人类需要更进一步更深层次地思考废弃物的生命问题。

我国目前一些"资源再生加工厂"，还处在小作坊生产的无序状态，对空气、土壤、水的污染都显而易见。图为小作坊将挑拣后的低价值塑料随地焚烧。

在这"垃圾处理三板斧"之中，"回收再利用"毋庸置疑是优于前两者的。但在我们身边绝大多数地方，垃圾回收再利用的比例并不高，城市乡镇处理垃圾主要是通过填埋和焚烧，很多农村地区甚至依然把垃圾随意倾倒在自然环境中。

从我们对于垃圾填埋场和焚烧炉的依赖就能看出，倒和烧这两种人类社会最早期的垃圾处理方式，依然扮演着重要的角色。

我们应该认识到，任何一种处理方法都有其便利性和局限性，而每种方法的使用都会受到其他垃圾管理环节的影响。同样的方法，也可能由于理念的不同、操作顺序的不同，而带来完全不同的结果。垃圾问题的解决不存在一劳永逸的灵丹妙药，需要全社会的协调运作，尤其是作为"垃圾制造者"的每个人的改变和贡献，才有可能带来转机。

生活垃圾汇聚成山

2.2.2　我的垃圾去哪儿了

　　当你把各种垃圾混合着塞在一个垃圾袋里，一股脑丢进公共垃圾桶，那么它们的归宿几乎可以确定——进入垃圾填埋场或焚烧厂。还记得我们在第一章里做过的"环与链"图片排列游戏么？这些垃圾，它们物质循环的"环"断裂了，成了有头有尾的"链"。填埋场或焚烧厂，就是它们"生命"的终点。

　　或许你扔掉的这一袋垃圾运气好，其中一部分"值钱的"被清洁工或拾荒者挑拣出来当废品卖掉，从而得到再生的机会，"生命"得以延续。但由于是从脏兮兮的混合垃圾中再次分拣，这些"值钱的"垃圾很可能已经被不同程度地污染，价格打了折扣，有的就会被丢弃。

　　所以，如果你能提前把它们分类收集好，自己去卖废品，或送给清洁工、拾荒者，这些有价值的物品就能更顺利地脱离"垃圾"这一身份了。

近年来，越来越多的地区开始单独回收厨余垃圾，送往专门的厨余处理厂，加工制作成肥料、饲料、生物质柴油，或生产沼气。如果你所在地方已经有了厨余单独收运，那么，只要你做到"干湿分开"，即把厨余垃圾从源头分开，就能帮助它们去到专门的厨余处理厂。这样，既大大减少了需要填埋焚烧的垃圾总量，还能将更多的有机质还回大自然中。

如果你所在地方还没有厨余处理能力，那也没关系，你可以试着先自己做起"干湿分开"，一来可以养成良好的垃圾分类习惯，二来，将厨余垃圾单独打包，可以减少对混合垃圾桶中可回收物的污染，同时也能减轻环卫工人的工作难度。

如果你愿意尝试在家庭或社区、学校进行厨余堆肥，那就更好了！本书第三章有堆肥方法的介绍，不妨一试。

干湿分类：北京的厨余运输车

干湿分类：家庭厨余堆肥

背景资料

关于"干湿分开"

干湿分类广告

厨余垃圾，也就是所谓的"湿"垃圾，是指有机的生物质垃圾，包括：菜帮菜叶、瓜果皮核、剩饭菜、鱼刺、骨头、蛋壳、枯枝败叶等。

厨余垃圾

干湿垃圾要分开

在中国大部分城市，厨余垃圾的重量大约占到生活垃圾总量的50%以上。如果能在源头把湿垃圾与干垃圾分开，那么一半以上的垃圾就能够经过各种生化处理手段重新回到大自然中。同时，因为湿垃圾被分开，剩下的干垃圾就不易被污染，其中的可回收物（金属、纸张、玻璃等）更容易被分拣出来，最终进入填埋场焚烧厂的不可再利用的垃圾就非常少了，很多城市原先规划的一些焚烧项目也失去了建设的必要。

不过要注意，如果厨余垃圾没有被很好地分类，还夹杂大量的塑料、金属、玻璃、纸张等，那么，怎样的加工处理都是无法成功的。

所以请记牢：厨房里产生的垃圾不都是厨余垃圾！包装袋、保鲜膜、纸巾、一次性餐具等，都不是厨余垃圾。

实例：居民小区生活垃圾物质流走向

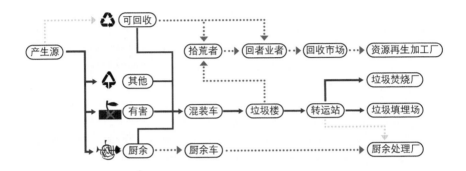

以居民小区为例，目前中国的很多城市尚未落实垃圾分类，生活垃圾物质流最典型的走向是中间的红色粗线：混合垃圾大部分被送往垃圾填埋场或焚烧厂。

除了混合垃圾之外，可回收物有专门的走向（上方的绿线）：社区居民将自家的可回收物卖给回收业者，拾荒者从社区的混合垃圾或垃圾楼的混合垃圾中挑出可回收物，也卖给回收业者；这些基层的回收业者再转卖给大中型回收市场中的专项回收业者（如只收纸类的，或只收塑料类的）；专项回收业者再转卖给二次资源回收处理厂。

近年来，一部分城市以设置"垃圾分类试点小区"等形式，专门针对社区增加了一条新的厨余垃圾清运处理路线（下方的绿线）：社区的厨余垃圾由专门的厨余垃圾车收集，运往厨余堆肥厂或专门的餐厨处理厂进行处理。

2.2.3 我们的目标：破解"黑魔法"，减少未来的垃圾

人类对付垃圾的历史可谓一场艰难的战争，如今胜利依然遥远。人类对付垃圾的办法，似乎总也赶不上自身发展的脚步。无论是古人"随手一抛"，还是当垃圾洪流来袭时奋力"填埋"或"焚烧"，其实都是在做末端处理，都是发生在垃圾已经产生，甚至已经到达垃圾场之后的被动应对。

特别是在当今世界"大量生产、大量消费、再大量抛弃"的生产和生活方式的情况下，似乎无论什么样的垃圾末端处理都很难应对如此庞大的垃圾洪流。这个挑战让我们不得不回过头去，追溯垃圾产生的根源。

没错，答案就是"黑魔法"的秘密。无论我们拥有多么强大的技术，如果"抛弃"的行为一直在增加，垃圾的洪流只会越来越庞大，我们也就只能花费更多的土地、资源、技术、金钱来被动应对，同时付出惨痛的环境污染代价。

所以，现代的垃圾管理，已不能再停留在垃圾末端处理上，而是从最初垃圾的产生、收集、运输到最终的处理，进行全方位的综合管理，形成完整的垃圾管理体系。尤其是在进入末端处理之前的"垃圾减量"，是未来垃圾管理中最重要的原则，也是人类解决垃圾问题的必经之路。

面对每日涌向街头各个垃圾桶的滚滚垃圾潮，"减少未来的垃圾"这样的方法似乎不能在短时间内给我们带来希望。但这确实是未来人类能够解决垃圾问题的不二之选。我们会在后两章继续探讨这些内容。

思考和实践

三个不同年代的家庭生活垃圾展示

- 问问爸爸妈妈，30年前他们的生活中都有什么样的垃圾？
- 问问爸爸妈妈的爸爸妈妈，50年前他们的生活中都有什么垃圾？
- 解决垃圾问题最终是要靠技术的进步吗？什么样的技术？
- 解决垃圾问题最终要靠改变人们的生活方式吗？怎么改变？

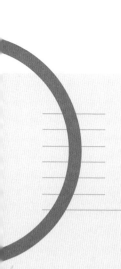

第三章

"白魔法"减少垃圾

从古至今人们处理垃圾的各种方法，无论是从"随意抛洒"到"无害化控制"的转变，还是垃圾处理手段技术上的不断更新升级，它们都只是如何更好地"消灭"已经出现的垃圾。如果垃圾越来越多的情况不加以控制，我们就会如同被"黑魔法"绑架一般，永远都要用大量的金钱、土地、人力来换得与垃圾暂时的和平共处。

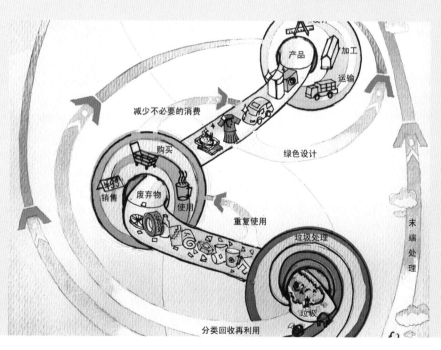

当填埋场不断加层、装满，人们不得不开始讨论增加更多的焚化炉；面对垃圾围城的步步紧逼，我们仅有的一些技术手段也显得捉襟见肘、杯水车薪。更何况，以填埋和焚烧为代表的"末端处理"方法，总是会给自然环境和人体健康带来日益凸显的危险。我们该怎么办？

简单"消灭"垃圾的思路，已经不足以应对黑魔法制造出的源源不绝的垃圾。能够让物品免于垃圾厄运的白魔法在哪里呢？

白魔法永远不会出现在垃圾洪流的下游，它起作用的方式总是抢在黑魔法出现之前。白魔法也并不复杂，我们已知最有效的三种方法，就是垃圾减量 3R 原则，即回收利用（Recycle）、重复使用（Reuse）、源头减量（Reduce）。

不妨再次回到这个熟悉的垃圾箱。我们已经知道，这里的垃圾看似简单、琐碎，却在默默宣告着一件事情——"人与垃圾"之战将是长久而困难的。无论是一小片塑料，还是一个细小的电子零件，或者是一双用过的一次性筷子，一旦变成垃圾，再想让它们重新洗脱黑魔法的诅咒而回归成有用的物质是多么的艰难。

我们再来仔细看看，在这个垃圾桶里，有没有什么东西，其实不应该成为垃圾？或者有什么方法，可以让这些东西从一开始就不出现？

没错，我们现在要开始寻找的，就是可以对战黑魔法的"白魔法"，它的关键是：如何做到"不抛弃"？

初级白魔法: 回收利用（Recycle）

　　我们都听过"垃圾是放错了地方的资源"这句话。那么，哪些"垃圾"有机会解除"黑魔法"咒语，重新成为人类可用的资源呢？我们都知道废纸可以回收，处理得当的废纸回收率可达80%以上。塑料、钢铁、铝、玻璃，甚至厨余垃圾等，理论上都可以经过恰当的手段进行回收，重新变废为宝。

　　这种"资源—产品—再生资源"的模式，是在物质流动链条的末端构建一个人类社会内部的物质循环的小圈，完全打破物品原有形态和功能的局限，从更基本的材质上重新审视它们的价值，创造全新的产品。从而构建"循环经济"，实现可持续发展的目标。

背景资料

废物可以成为哪些资源？

　　废钢铁：每回收1吨废钢铁，可提炼好钢900千克，节约矿石3吨，减少矿石开采，山体破坏，减少运输和冶炼过程的能源消耗。比用矿石冶炼等量钢材节约成本47%，减少空气污染75%，减少97%的水污染和固体废弃物。

1吨废钢铁

提炼900千克钢

节约矿石3吨

减少75%的空气污染

减少97%的水和固体废弃物污染

废纸：每利用一吨纸，可造纸 850 千克，相当于节约木材 4 立方米，少砍伐树龄为 30 年的大树 20 棵。另外，比生产等量纸张减少污染 74%，包括废水、废气、造纸废料等，并大量节约能源。

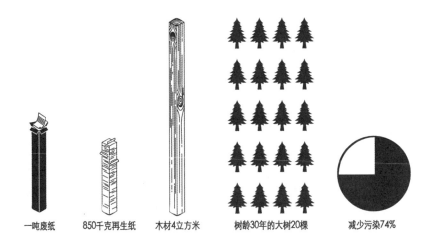

| 一吨废纸 | 850千克再生纸 | 木材4立方米 | 树龄30年的大树20棵 | 减少污染74% |

废塑料：1 吨废塑料包装袋再生利用可制造出约 640 千克以上高质量的汽油或柴油；每回收 1 吨塑料饮料瓶可获得 700 多千克二级原料，减少同等量原料生产的污染和能源消耗。

1吨塑料饮料瓶　　700多千克二级原料

废玻璃：1吨废玻璃回收后可生产一块篮球场面积大小的平板玻璃或 500 克瓶子 2 万只。

1吨废玻璃

2万只500克瓶子

废易拉罐：回收 1 吨易拉罐，溶解后能够铸成 1 吨铝块，减少开采 20 吨铝矿，少建 2 吨规模的冶炼铝锭厂，并避免采矿冶炼过程中的工业污染。

1吨易拉罐

1吨铝块

20吨铝矿

2吨规模的冶炼铝锭厂

废弃食物：用 100 万吨废弃食物加工饲料，可节约 36 万吨饲料用谷物，生产 45000 吨以上的肉类。

100万吨废弃食物

36万吨饲料用谷物

45000吨以上的猪肉

案例：复合牛奶包的回收再利用

"砖型包"和"枕型包"是大家常见的牛奶和饮料纸包装，是由纸、铝箔和聚乙烯塑料复合而成，可有效阻挡外界的污染与氧化，从而保证包装内的产品无需冷藏和防腐剂即可拥有较长的保质期。

消费后的复合牛奶包装是一种可以百分之百回收再利用的资源。

| 1-冲洗空盒 | 2-掀起折角 | 3-压扁包装 | 4-投入回收箱 |

复合牛奶包装收集方法

通过水力碎浆和铝塑分离技术，能将复合纸包装中的纸、塑料和铝箔分离，分别加以利用再生，实现从资源回到资源的绿色循环模式。

铝　　塑料　　　纸

复合牛奶包装的材料分离

消费后回收利用

原材料选择&管理

灌装&分销&消费

运输

生产

复合牛奶包装再生工艺流程

复合牛奶包装也可以通过塑木技术、彩乐板技术等，变身为公园护栏、垃圾桶、课桌椅、室外地板、纸张和衣架等丰富实用的环保产品。

复合牛奶包装可加工成许多再生产品

相关视频：喜欢，就扫我吧！

利乐回收小电影
（利乐中国授权使用）

利乐包装再生纸压花视频
（利乐中国授权使用）

A Love Story In Milk
（Friends of the Earth
授权使用）

- 你家里是否有变卖"废品"的习惯？
  如果有，请记录其中的种类。
  如果没有，问问家人原因。

- 问问家人，或去附近的资源回收站与回收业者聊聊天：20 年前变卖的"废品"种类和现在有什么不同？哪些东西卖不掉了？价格有何变化？想想这是为什么。

- 如果"废品"越来越"便宜"，换不了太多零花钱，你是否还愿意花功夫攒起来？

- 对于很难卖掉（没人回收）的、但依然是资源的"废品"，如玻璃、塑料食物托盘，有什么办法能减少它们成为垃圾的可能？

- 在日本等国家，居民在丢弃废弃的家电、家具等垃圾时，需要向资源回收业者交付高昂的垃圾处理费；但在我国，反而是资源回收业者向垃圾产生者付费购买"垃圾"。你能理解其中的差异吗？你能否接受日本的付费方式？

3.1.1 回收利用的基本前提——垃圾分类

要真正实现"循环经济"中资源回收再利用的目标，就需要将这个循环圈通畅而持久地运转起来。那么，怎样才能保证这个圈通畅而持久地运转呢？显然，垃圾分类必不可少。只有将垃圾分门别类，才能更好地进行回收利用，实现资源再生的最大化。

具体到不同的垃圾种类，几乎每一种被丢弃的垃圾都需要不同的处理手段，比如不同的电子仪器、不同的电池、不同的塑料制品、不同的包装材质等。

理想情况下，每种废弃物应该都有其各自的回收和处理途径，根据不同的材质、构成、毒性等，送到不同的地方处理。但现实往往不那么完美，各地的垃圾管理者必须根据实际情况制定出适合当地的垃圾分类标准。

那么，应该**怎样制定垃圾分类标准**呢？

现在世界上并没有一个统一的垃圾分类标准，各国的分类方法都不一样，同一个国家的不同地区也不尽相同。比如日本，是世界上垃圾分类最为复杂的国家之一，一般分为五大类（可燃垃圾、不可燃垃圾、资源物、有害垃圾和大件垃圾），每个大类下面又细分为若干小类（不同地区小类的分法也不同，有的分十小类，也有的甚至达到七十小类），居民需按照要求分类收集自家的垃圾。

在我国，许多大城市通常遵循"大类粗分"的原则，将生活垃圾分为四大类：可回收物、厨余垃圾、其他垃圾、有害垃圾。这一分类方法也称为"四分法"，比日本的垃圾分类规则简单许多。为什么会有这种差异呢？

垃圾的组成成分是决定垃圾分类方式的一个重要依据。

我国厨余垃圾的比例非常高，占到生活垃圾重量的一半以上，而美国、日本、德国厨余垃圾所占比例低于 20%。如果我们把厨余垃圾分离出来并合理利用，可以说垃圾减量工作就完成了一半。然后再在剩下的垃圾中把可以回收利用的物品（如塑料、纸类、金属、玻璃等）分离出来（很多回收业者都会参与到这个过程中来），真正需要末端处置的垃圾也就不多了。

正是基于这样的情况，在我国，将厨余垃圾作为一大类单独分出来，是现阶段垃圾分类中最重要的，却也是最难的。因为这一步是要在每个家庭的厨房中，由每个家庭成员亲自动手完成的，全靠每个人自觉自愿。除了宣传倡导，未来还需要更多的制度保障，如经济杠杆、奖惩措施，才能让更多人参与厨余分类。

垃圾处理能力也是决定垃圾分类方式的重要因素。

例如：我国许多城市尚未建立起厨余再生工厂，因此暂时无法实行厨余分类收运。

而在日本，由于垃圾末端处理很大程度上依赖焚烧，因此会尤为强调对于"可燃垃圾"和"不可燃垃圾"的区分，以保障焚烧厂合理、安全、高效地运行。

但另一方面，即使我们已经具备了足够的技术能力，如果人们不愿意进行垃圾分类，或资源再生企业因为成本高收益低、难以正常运行，而垃圾管理机构也不重视、没有强有力的垃圾分类实施方案，那么，垃圾分类也是很难实行下去的。

例如，目前一部分大城市已经建立了有害垃圾处理厂，拥有了先进的处理技术，但由于没有哪个责任方为这些有害垃圾的处理成本埋单，甚至"处理越多越亏本"，因此无法消纳居民产生的有害垃圾。这些城市的垃圾分类规则里，当然也就没有"有害垃圾"这一项。唯有未来明确了垃圾处理的责任方，并有相关的制度保障，才可能让分类回收处理的链条运转下去。

　　由此可见，除了垃圾的组成成分和当地的垃圾处理能力，还有很多其他因素决定着一个地方采用怎样的垃圾分类方式，如回收物的经济效益、社会价值观和政策导向等。而垃圾分类的成功，又仰赖于垃圾管理体系中收集、运输、分拣、处理等各个环节的合作。

　　日本能将垃圾分得那么细，是由整个社会对垃圾分类的认同和相应垃圾处理能力作为支撑的。我国的垃圾分类，任重道远。而起步，就从你我开始。

背景资料

日本垃圾分类简介

　　日本是世界上垃圾分类最为复杂的国家之一。一般分为可燃垃圾、不可燃垃圾、资源物、有害垃圾和大件垃圾五类。

　　可燃垃圾：厨余垃圾、纸屑、落叶树枝等；

　　不燃垃圾：塑料、陶瓷器、旧金属等；

　　资源物：书报、牛奶盒、纸箱、易拉罐、塑料瓶、旧衣服、泡沫塑料等；

　　有害垃圾：日光灯、水银温度计、干电池、气体打火机、灭火器等；

　　大件垃圾：家具、家电等。

　　日本各地区具体垃圾类别细分有一定差异，横滨是把垃圾分为10类，日本南部四国地区的上胜町垃圾分类，细化到了44种。而东京都北部埼玉县的所泽市家庭垃圾的分类和处理方法几大类下面分有70个小类。爱知县丰桥市的垃圾分类规定，在七个大类下把垃圾分为18个小类。

日本北九州公共垃圾桶

日本北九州市家庭分类垃圾袋

日本富士音乐节垃圾分类区

10 2013 October

日 SUN	月 MON	火 TUE	水 WED	木 THU	金 FRI	土 SAT
		1 プラスチック・有害ごみ	2 不燃	3 可燃	4 空きびん・缶	5
6	7 可燃 体育の日	8 プラスチック・有害ごみ	9 不燃	10 可燃	11 ペットボトル 古紙・古着	12
13	14 可燃	15 プラスチック・有害ごみ	16 不燃	17 可燃	18 ペットボトル 古紙・古着	19
20	21 可燃	22 プラスチック・有害ごみ	23	24 可燃	25 ペットボトル 古紙・古着	26
27	28 可燃	29 プラスチック・有害ごみ	30	31 可燃		

November 2013   2013 11

日 SUN	月 MON	火 TUE	水 WED	木 THU	金 FRI	土 SAT
					1 空きびん・缶 古紙・古着	2
3 文化の日	4 可燃 振替休日	5 プラスチック・有害ごみ	6 不燃	7 可燃	8 ペットボトル 古紙・古着	9
10	11 可燃	12 プラスチック・有害ごみ	13	14 可燃	15 空きびん・缶	16
17	18 可燃	19 プラスチック・有害ごみ	20	21 可燃	22 ペットボトル 古紙・古着	23
24	25 可燃	26 プラスチック・有害ごみ	27 不燃	28 可燃	29 古紙・古着	30 勤労感謝の日

※ごみは収集日当日の朝8時までに出してください。 ※祝日も収集します。

ごみや資源は分別して出してください。

日本垃圾分类日历

3.1.2　四分法与合理处置

我国的"四分法"，将生活垃圾分为四大类：厨余垃圾、可回收物、有害垃圾、其他垃圾。正确地对垃圾进行分类，只要方法得当，养成习惯后其实并不难。

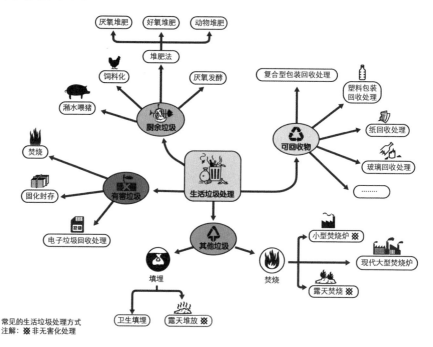

常见的生活垃圾处理方式
注解：※ 非无害化处理

针对这四大类垃圾，常见的处理方式如上图所示。

在我们的生活中，遵循"四分法"，按照以下四个步骤，即可完成垃圾分类。

第**1**步
干湿分离

所谓干湿分离，就是把水分含量高、会腐烂的厨余垃圾从各种垃圾中分离出来，进行单独收集与投放。

厨余垃圾包括：剩饭菜、果皮果核果壳、菜叶菜帮菜根、食物残渣、茶叶等各类可腐烂有机物。分类时，要保持厨余垃圾的纯净度，不在其中掺入纸类、牙签、塑料、金属等物品。

处置方法：单独投放至社区专门的厨余回收垃圾桶。如果社区还没有专门的厨余桶，也请装在单独的袋子里，避免污染公共垃圾桶中的可回收物，也减轻环卫保洁人员的工作量。而且我们可以先行一步，自行尝试厨余堆肥。

垃圾筐干湿分离

第2步
可回收物分离

可回收物包括：塑料、纸类、金属、玻璃、家具、织物等。

处置方法：可回收物分离出来后，整理打包，交售或赠与正规的资源回收业者，使之重新进入社会生产循环过程。

注意：

可回收物要尽量保持清洁。酸奶盒、牛奶袋、食品托盘，用洗碗后的废水涮一涮，晾干了就可以回收。

复合材质需尽量拆开分类（如纸盒上的塑料片），去除影响回收的材料（如胶带、订书钉），并留下其中有用的部分（如尼龙绳）。

可回收物清洗、拆分之后，分类收集

第**3**步
有害垃圾分离

　　有害垃圾（又叫危险废弃物）包括：日光灯管、节能灯管、水银温度计、过期药品、废旧电池等。

　　处置方法：日光灯管、节能灯管放入灯管回收箱；过期药品放入社区专门回收箱或连锁药店专门回收箱；废旧电池放入电池回收箱。

过期药品　　　温度计　　　　　灯管灯泡　　　　　废旧电池

　　注意：由于目前我国有害垃圾的回收和处理体系极不完善，大部分地区并没有以上这些分类回收箱，而有害垃圾随意丢弃对于环境的影响又很大，因此，可以自行积攒一定数量后，交给有资质的处理厂家或者周边的环保组织。

有害垃圾分类收集

第**4**步
其他垃圾处置

其他垃圾包括：砖瓦陶瓷渣土、卫生间废纸、纸巾、纸尿裤、脏污的塑料袋、破旧脏污发臭等不具回收价值的旧衣物以及其他物品。

处置方法：将不可回收的其他垃圾投入社区内的其他垃圾桶中，最终统一由城市垃圾末端处理系统处理，例如填埋或者焚烧。

| 砾瓦渣土 | 卫生间废纸和纸巾 | 纸尿裤 | 脏污的塑料袋 |

思考和实践

- 如果有人对你说，"垃圾车都是把垃圾混在一起运，分了也白费，所以我不分"，或者说"别人不分，我分了也没用"，你会如何回应呢？

- 日本、韩国要求居民在家中实施垃圾分类时，必须对可回收物进行简单清洗。这样做有什么好处？如果个人不清洗，留待收集后集中清洗处理，那样对于社会资源的消耗程度会是怎样的？

- 在家里进行垃圾分类的实践，一段时间后，总结你的经验与困难。

厨 余 堆 肥

万物生生不息、循环不已,这是大自然的规律。厨余,最好的方法是回归土地,成为自然物质循环的一部分。

(一)落叶 + 厨余集中堆肥法

落叶堆肥栏

此方法属于通气式堆肥,能处理较大体量的园林垃圾和厨余垃圾,适合学校、社区或私家庭院。

可使用的材料：

1. 枯枝、落叶、碎草

2. 各种厨余垃圾（不要含有油盐的剩菜，也不宜有肉类）

堆肥地点选择：

1. 避免阳光暴晒，也避免雨水直接淋到。

2. 应在自然土壤上方，不可在水泥地等硬化地面上。

3. 放置地点不应低洼积水。

落叶集中堆肥箱

堆肥容器制作：

1. 将废旧的大塑料桶、铁桶、木箱改造成堆肥桶，并在底部和四周打洞透气。

2. 自制堆肥栏：用木条、木板、铁丝网、空心砖等材料，围成堆肥栏。堆肥栏长宽高在1米左右最合适。

3. 上方宜有盖子，或用防水布遮挡雨水。

4. 盖子开启尺度应便于材料投放，并方便翻搅。宜在侧下方设置取肥口。

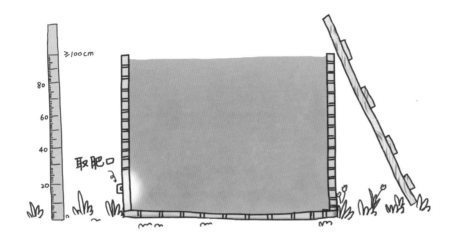

堆肥过程:

1. 在底部放一些干树枝之类粗大的材料。

2. 放一层果皮、菜叶之类湿的厨余垃圾。

3. 再放一层落叶之类干燥的园林垃圾,覆盖住厨余。此时可以添加一些土覆盖表面,也可以不添加。

4. 洒水润湿堆肥的整个表面。

5. 等到下一次投放堆肥材料时，再重复 2~4 步骤，直到装满为止。注意最上面一层要覆盖树叶或土，不可让厨余直接暴露在外。

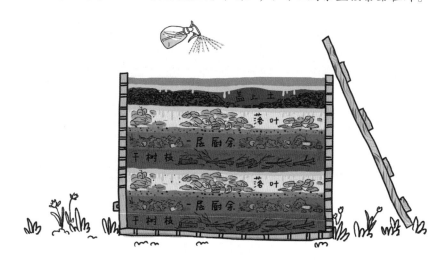

6. 每隔一个月，把肥堆整体翻动一下，加快发酵。

发酵过程中，肥堆上会冒出热气，温度可达到 40~60℃。

一个月左右，原料开始发黑变软，逐渐破碎。

六个月左右，全部材料彻底分解，变成黑色松散的泥土状，就可以用来种植了。

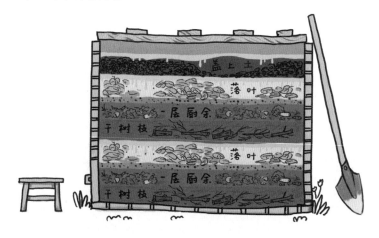

注意事项:

1. 为得到合适的碳氮比,树叶与厨余的重量比应为 1:1.5 左右,即树叶少、厨余多。

2. 北方干燥的秋冬季,落叶需注意防火。并控制落叶用量、增加厨余比例,经常加水以维持适宜的湿度——湿度最佳状态是,摸上去潮湿、抓一把攥紧不会流水。

3. 厨余要完全覆盖住,不可以暴露在空气中,否则会招虫子。

(二)蚯蚓堆肥法

蚯蚓粪

蚯蚓是种很可爱的小动物,每天可以吃掉相当于它自己体重一半左右的厨余,排出的粪便就是上好的肥料啦!

选择蚯蚓养殖箱:

1. 自制蚯蚓养殖箱。

·选择容积较大、深度在 20 厘米以上的塑料箱、泡沫箱,在侧面打些小孔以利于通气——注意孔不宜过大,以防蚯蚓钻出。

·箱子上方应有带小孔的盖子,或用透气的布、纸板覆盖,既遮光,又防止蚯蚓逃逸。

2. 可以购买成品蚯蚓养殖箱和蚯蚓堆肥桶。

去哪里找蚯蚓?

一是上网购买最适合养殖的红蚯蚓。

二是去花鸟鱼虫市场购买作为钓鱼鱼饵的红蚯蚓。

生存环境：

温度：蚯蚓适宜在 15~26℃ 的环境生存。温暖季节可于室外背阴处避光放置，不可暴晒；冬季应移入室内，但不可靠近暖气烘烤。

湿度：土壤最佳湿度为 60~80%。北方干燥季节应经常给土壤加湿。

光线：蚯蚓畏光，所以养殖箱顶部需遮光。

蚯蚓不喜欢的食物有：

1. 含有过多油、盐的食物；

2. 辣椒等刺激性食物；

3. 柑橘类食物；

4. 豆浆牛奶等液体；

5. 农药、洗涤剂、防腐剂。

蚯蚓偏爱的食物有：

1. 水果、蔬菜等生厨余垃圾；

2. 馒头、面包、米饭等淀粉类；

3. 茶叶渣、咖啡渣、豆渣、蛋壳；

4. 纸板、纸巾、木屑、毛发等纤维混合物。

蚯蚓堆肥操作方法：

1. 蚯蚓喜欢吃腐烂的食物，所以需提前 1~2 个月在箱内多半箱堆肥土，埋下厨余，待发酵后，再投入蚯蚓。

2. 定期在箱子里埋入厨余，上方覆盖土壤使厨余不暴露在外，盖上盖子。

3. 随时调节湿度，适当洒水。

蚯蚓的习性

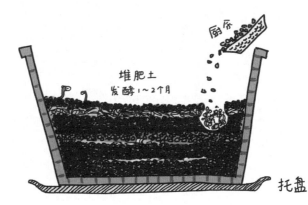

厨余

堆肥土
发酵1~2个月

托盘

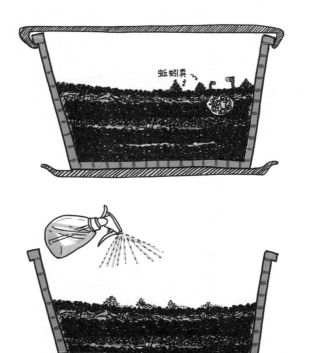

蚯蚓粪

"蚯蚓茶"

蚯蚓堆肥操作方法

蚯蚓肥的收集和使用：

厨余逐渐被蚯蚓分解，堆肥土表层堆积出一粒粒或一团团灰色小颗粒，就是蚯蚓粪。蚯蚓粪含有丰富的营养成分，是非常好的有机肥料，可以直接施用于种植土壤中。

蚯蚓堆肥箱底渗出的液体被称为"蚯蚓茶"，也可以作为肥料使用。

当堆肥土逐渐变成黑色松软的状态，也可以与蚯蚓粪一起作为肥料使用。

相关视频：喜欢，就扫我吧!

春泥行动教学视频第 1 集 -
通气式堆肥

春泥行动教学视频第 2 集 -
蚯蚓堆肥

春泥行动教学视频第 3 集 -
波卡西式堆肥

春泥行动教学视频第 4 集 -
环保酵素

（以上厨余堆肥教学视频均由自然之友授权使用）

中级白魔法：重复使用（Reuse）

虽然初级白魔法回收利用可以让很多垃圾得以再利用，但让我们仔细想一下：通过回收利用，我们产生的垃圾总量减少了吗？好像并没有啊！因为我们制造垃圾的速度丝毫没有减慢，已经产生的垃圾量依然巨大，只不过针对其中一部分垃圾，通过资源再生的方式赋予其新生命，例如：废纸打碎成纸浆后制造出再生纸，废塑料碎成塑料颗粒后制造出再生塑料制品。

而这些"资源再生"的过程，并非完全"零消耗"——想想我们卖掉的那些"废品"，很显然，它们的分类、收集、清洗、运输，无不需要大量的人力物力成本；而进入再生加工厂后，更需消耗自然资源和能源，也会有污染物排放。

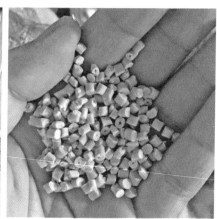

塑料再生设备　　　　　　　　　　塑料再生颗粒

看起来，回收利用这一初级白魔法，"魔力"有限哦！所以，让我们把眼光放得更靠前一些，别等到垃圾已经产生之后再去施行白魔法，而是提前想办法，让垃圾产生得慢一些。

"这些垃圾在被丢弃或回收之前物尽其用了吗？是否可以再次使用或者有别的用途呢？"——这就是我们的"中级白魔法"：重复使用。重复使用，不仅可以减少垃圾，还能节约资源。

扔掉垃圾之前先想一想：物尽其用了吗？
是否可以再次使用或者改作别的用途？

3.2.1 延长"生命"轨迹

空瓶回收

　　你喝过玻璃瓶汽水吗？是否留意过一筐筐空汽水瓶摆放在小店门口？是否见过送货员在卸下新货之后又把空瓶拉走？即使你没有亲眼见过，也能猜到这是怎么回事吧？没错，这些空汽水瓶被厂家回收，经过清洗消毒，再次装瓶，继续销售，然后再回收，再销售……如此循环往复。可以想象，这次你手里拿着的汽水瓶有可能就是上一次你拿在手里的同一个瓶子。这真是一招很成功的"白魔法"呢！

"生命"得到延续的玻璃汽水瓶

重复使用原则中，产品或包装容器能够以初始的形式被反复使用。现在让我们进一步思考，从物质循环的角度更深入地理解这样做的意义。

我们已经知道，许多垃圾的产生，是由于人造物品（比如玻璃）阻断了物质循环的自然进程，物质循环圈变成了链条，当物质到达链条的终点时，"生命"终结，成为垃圾。这样看来，如果我们能想办法延长这根链条，让物品的"生命"尽可能延续更久，就能推迟终点的到来，不那么快产生垃圾。玻璃汽水瓶正是体现了这一点。

思考和实践

在我们日常生活中，有些行为不经意间阻碍了物品生命的延续。下面这些做法，你可能遇到过或曾亲身经历过。请想一想，哪些行为让物品的生命轨迹延长了？而哪些使链条缩短了？你还能举出其他的例子吗？

- 这款手机过时了，虽然并不影响使用，但是也得换新款。
- 使用一次性餐具、一次性纸巾等一次性物品。
- 将洗澡、洗漱和洗衣服的水收集起来冲马桶。
- 好友要过生日了，用废纸壳制作一个精美的相框送给他／她。
- 把旧本子里剩下的空白页集中起来装订成一个新本子继续使用。
- 出门携带自己的水壶，而不是买瓶装水或使用一次性纸杯。
- 衣服掉了个扣子，缝一个新扣子接着穿。

让一件物品发挥最大的作用,物尽其用,尽可能延长它的"生命"轨迹,这就是重复使用。重复使用可以推迟垃圾的产生,也就减少了此时的垃圾。如果我们一直这样做,就能一直保持较少的垃圾量。反之,则会加速垃圾的产生。

维修雨伞使之能继续使用

重复使用是很强大的白魔法,使用起来又很简单。它无外乎两种方式——**反复使用**和**改作他用**。

反复使用就是用了再用,将一件物品原本的用途发挥到极致,比如:用非一次性的杯子喝水,只要杯子不损坏,可以重复用上许多年,这就比一次性杯子环保得多;圆珠笔没水了,给笔杆换上一根新笔芯就能接着写字;家里的电器坏掉了,请专业人员维修后又能继续使用,不用更换新家电;选择本地的、可以退瓶的啤酒、汽水、酸奶,使瓶子可以重复使用;选用补充装的日用清洁产品,使带泵的瓶身可以重复使用;重复使用一切有用之物——快递箱、纸口袋、塑料袋、绳子、皮筋……

衣物回收箱

再比如：哥哥姐姐的衣服小了，传给弟弟妹妹穿；在跳蚤市场或二手交易网站为自己不再需要的物品找到新主人，或淘一淘自己喜欢的二手商品；把旧衣物捐赠给慈善机构，等等。这些行为都延长了物品的使用寿命。"白魔法"就这样施展着力量！

案例 韩国的"美丽商店"

遍布韩国主要城市、成立了一百多家分店的"美丽商店"，创办于 2002 年。每年，美丽商店收集和销售市民捐赠的一千余万件二手物品，获得的利润用于公益、慈善事业。

其实，韩国民众的习惯也和中国人差不多，虽然愿意把自己的旧衣服捐给别人，但并不太愿意"捡别人不要的二手衣服来自己穿"。而美丽商店却把二手店开到了大城市里，引领了新风气。

美丽商店提倡人们捐赠闲置衣服、物品、图书，甚至家具，而且要求民众在捐赠之前必须先将衣物清洗消毒。到了店里，再选出功能完好的物品，维修整理后，再以低价销售。还有艺术家和设计师利用废旧物品重新设计制造出新的商品，让"二手"更时尚。

美丽商店还长期举办"美丽星期六"慈善跳蚤市场，吸引非常多的民众踊跃参与。

Your participation makes beautiful changes.
Be the beautiful change!

韩国美丽商店

改作他用则是将物品派上新用途。例如蜂蜜喝光后，玻璃瓶子清洗干净用来装杂粮；收到的快递袋再当作文件收纳袋使用；中秋节过后，漂亮的月饼盒子变身储物百宝盒。

快递袋再利用

或者进行一些改造，比如：艺术家把许多易拉罐拉环做成精致的手提包；手巧的普通人则把破旧牛仔服制作成书包或钱包，碎布头还可以缝个沙包。许多学校都有旧物改造的手工课：矿泉水瓶改造成笔筒或花盆，饼干盒改造成模型小汽车，硬纸板改造成相框，等等。

碎布头缝沙包

旧物改造

改造运用，变废为宝，让本来要成为垃圾的物品获得新的生命，是很多热心环保人士喜欢做的事情，你是不是也有很多很多好的创意，或许已经跃跃欲试了吧？

但是且慢，让我们再想一想，是不是只要延迟物品进入垃圾桶的时间，就一定是有益的呢？比如矿泉水瓶。如果拿可重复使用的水杯来喝水，而不是购买瓶装水，塑料瓶这样的垃圾就不会出现。可一旦买了，瓶子该怎样处理呢？在卖给废品回收者之前，一定要用它再做些什么吗？比如改造成笔筒或花盆之类的东西？我们真的需要吗？会不会做出来之后就被丢在某个角落，下次收拾东西的时候翻出来扔掉？在这种情形下，物品的"生命"真的延长了吗？垃圾真的减量了吗？所以在我们动手之前是否应该考虑好，我们要做的究竟是"宝"还是"废"？

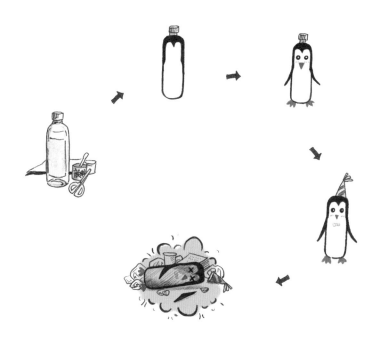

变废为废？

3.2.2　创造一个个小圈

重复使用是在物质流动链条的末端做文章。还是以汽水瓶为例，我们会发现，其实在这根链条的末端也存在一个圈，一个玻璃瓶被不断使用的循环圈。虽然这个圈并不能马上与自然界物质循环的大圈相连通，但却让这个玻璃瓶可以被不断使用。只要这个玻璃瓶不坏，就可以一直循环。想想看，它虽然笨重了一点，但能取代多少一次性塑料瓶呢！

这是件了不起的事！对于那些无法很快回到自然循环中的物品，比如玻璃瓶，如果我们不得不用，就只有最大限度地重复使用，让物质在小的范围内循环起来，从而减少垃圾。

不论是减少垃圾还是减少资源消耗，都指向一个概念，那就是"循环经济"。何谓"循环经济"？人类的经济生活圈，本质上是依附于地球生态系统的一个子系统。"循环经济"就是模仿自然界对于物质循环使用的方式，在资源使用、产品设计、资源回收和循环再利用的基础上发展经济，从而减少自然资源的消耗和废弃物的产生。

发展循环经济，是应对垃圾和能源问题的一个趋势，需要全社会共同努力。企业要从源头善用资源，设计出可以持续使用、尽可能少产生废弃物的产品。而作为生活垃圾的制造者，每个"消费者"更要反思自己的生活方式和购买、使用习惯，努力让自己对于"东西"的使用，也能成为一个小小的循环圈。这样的努力多了，就如同很多水滴汇集成溪流，把更多"白魔法"的力量聚集在一起，就可以成为抵御"黑魔法"的一股清流。

安妮·雷纳德在《东西的故事》中意味深长地说："我想让大家更珍惜、爱护我们的东西，并给予它应得到的尊重……我们需要知道，我们所拥有的东西的真正价值远远超越了价签上的价格，也远远超过了拥有它所带给你的社会地位。东西应该是持久耐用的，它带着工匠的骄傲荣耀问世，理应得到应有的爱惜。"是的，"惜物"应该成为我们的日常习惯。

让我们尽量躲避那些把东西变成垃圾的"黑魔法"，试着去拥有、使用、珍惜带着"白魔法"的好东西吧！

思考和实践

1. 总结自己在生活中的哪些做法已经实践了重复使用？是已形成了习惯还是偶然的举动？请你写下来。

   已成习惯的：

   偶然做过的：

2. 想一想自己在生活中可以做出哪些改进来更好地实践重复使用，并进行新的实践。注意要确保你所做的是你能够做到的且是有用的。

3. 目前市场上的玻璃瓶中，像前文提到的由厂家回收后再重新灌装的比例其实并不高，只有少数本地的饮料、啤酒和奶制品企业在这样做。更多企业宁可不断制造新的玻璃瓶，也不愿意回收使用旧瓶子。你猜猜原因会有哪些？想一想，有什么办法能激励企业重复使用玻璃瓶呢？

高级白魔法: 源头减量 (Reduce)

中级白魔法重复使用,的确比初级白魔法回收利用更能延长物品的使用寿命。但是我们也会发现,重复使用仍有许多局限。

例如:漂亮的月饼盒可以当做收纳盒,可家里并不需要那么多收纳盒;年轻人频繁地换新款手机,把替换下来的老款送给老人用,很快老人的手机多到用不过来;饮料瓶能改造成笔筒,可书桌上摆两个笔筒就够了,而自己每天都在喝饮料,源源不断地产生饮料瓶;甚至可以想象,现在我们把不喜欢的旧衣服捐赠给"有需要的人",未来会不会有一天,所有的人都在往外捐衣服,却没有人愿意接受捐赠?

所以我们必须思考:最终极的、破坏力最大的"黑魔法"到底是什么?针对它,我们才能找到最根本、最强大的"白魔法"!

20年前,我们还在用手绢擦嘴,用可降解的油纸包裹新鲜的食物,晒干橘子皮泡水或卖给药店,提着可以用很久的菜篮子上街,端着茶碗喝酸梅汤。而今天,看看每天产生的塑料、玻璃和纸张等废弃物,在快速制造垃圾的过程中,每个人都难以独善其身。

源头减量,简单地说,就是在垃圾形成之前采取各种措施减少垃圾的产生。例如,生产者在设计、制造、销售产品或提供服务时,尽量避免让产品在使用过程中和使用之后出现垃圾。而消费者在购买和消费的时候,要认真想一想,自己是否真的需要某个产品,如果需要,那么应该尽可能选择最不易产生垃圾的产品。

源头减量,能够大大减少"黑魔法"出现的机会,是最有希望战胜"黑魔法"的"高级白魔法"。

特别需要提请大家注意的是，源头减量，首先要从改变我们的人生观、消费观开始。俄国思想家、作家陀思妥耶夫斯基在《死屋手记》中说过："把所有经济上的满足都给予他，让他除了睡觉、吃蛋糕和为延长世界历史而忧虑之外，无所事事。把地球上所有的财富都用来满足他，让他沐浴在幸福之中，直至头发根：这个幸福表面的小水泡会像水面上的一样破裂掉。"真的，人生不是为了不停地消费而存在，要是我们能白这一点，就可以从源头上减少很多不必要的消费和垃圾。不是吗？

案例 **不用塑料袋的菜市场——北京有机农夫市集**

你知道"限塑令"吗？它的全称叫做"关于限制生产销售使用塑料购物袋的通知"。该通知规定："自 2008 年 6 月 1 日起，在所有超市、商场、集贸市场等商品零售场所实行塑料购物袋有偿使用制度，一律不得免费提供塑料购物袋。"实际操作中，大中型超市商场执行较好，但集贸市场和小型超市仍有免费塑料袋提供，尤其在售卖蔬菜、生鲜食品的市场、市集，居民从自身方便出发，普遍没有自带购物袋的习惯，塑料袋使用频繁，"白色污染"依然很严重。

北京有机农夫市集是一个仅在周末开放的市集，全体商家禁用免费塑料袋，倡导顾客自带购物袋，并募集闲置"二手袋"提供给没有带袋子的顾客。在坚持推行二手袋项目的两年时间里，这个周末市集至少减少了 20 万个袋子的浪费。

你愿意响应他们的号召，克服一点点不方便，养成自带袋子购物的习惯吗？

有机农夫市集的二手袋

3.3.1　改变产品设计

　　垃圾产生的源头，不外乎和两个因素有关，一是物——产品设计；二是人——生活行为。

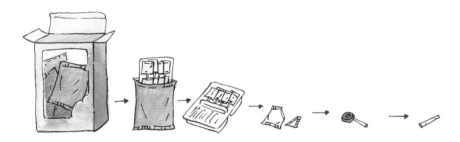

层层叠叠的繁复包装

　　我们先来看看"物"。现在很多商品从诞生之始，就被包裹了层层黑魔法。比如一些商品由内到外的包装就有四五层甚至更多，这真的有必要吗？一旦我们买下来，那就是黑魔法施法的开端。

过度的月饼包装　　　　　　　　　　极简包装

同时，产品设计也会影响人们的消费行为。比如一些快速更新换代的电器和电子产品，有时候只是坏了一点点，可修理起来却又贵又麻烦，让人感觉还不如买一个全新的，于是很多人真的就选择买一个新的。或者东西还没有坏，只是看上去没有那么时髦漂亮、功能不是最新了，很多人还是会选择买一个新的。似乎有人一直在对着我们的耳朵念咒："买新的，买最新的，买更新更好的……"一些厂商甚至把电子产品的使用期限就设置在两年之内。

但是那些被弃之不用的产品，都去了哪里？会终结在哪里？会不会变成万年难解的垃圾？会不会对环境造成破坏呢？

看看我们身边各种琳琅满目的商品，书包、衣服、手机、饮料、水杯等等，有多少是从源头就考虑到环境因素，从设计之初就会考虑让物品产生的垃圾最少、对环境危害最小呢？

曾经有一段时期，流行过"为丢弃而设计"的理念，比如各种一次性用品，从筷子、碗碟、内裤、洗漱用品，甚至到照相机都可以是一次性的。这种"生产即是废弃"的陈旧模式至今仍有影响。看看我们的周围，有多少物品是这样的"一次性"设计？又有多少物品是让人即用即丢的？

所以，产品设计是阻止黑魔法的第一道防线。那么，如何用白魔法来进行设计呢？

首先，以延长产品寿命的理念进行设计，推迟产品沦为垃圾的时间。现在很多电子产品的寿命都被设计成 2~5 年左右，也就是说，在设计上这些产品的使用期限就只有这么几年，即便坏了也很难更换或升级零件，厂家也不愿意提供额外的维修或保养服务。那么时限一到，这些东西大都会被淘汰丢弃，成为难以处理的电子垃圾。电子产品的技术更新看似一日千里，其代价却是被淘汰抛弃的电子产品源源不断地成为新的垃圾。商家想得更多的是如何推陈出新，却少有考虑如何让旧的使用得更长久。有没有可能设计出一些产品，只要部分零件进行更新或升级，就可以达到技术提升换代呢？或者有没有专门的维修服务，可以帮助旧产品继续跟紧新潮流，而不会被全部抛弃呢？

其次，以轻量化、环保化理念设计产品。力求使用最简、无毒、易于回收的材料，在产品诞生之前就对未来的回收环节进行考量。比如减少产品包装的体积和重量；更多地使用易拆分、易降解的材料等。

试着研究你身边的某个物品，比如文具、电子产品、衣服、食品等。想一想，如果你是它的产品设计师，你将如何应用"白魔法"来设计它？如何延长它的使用寿命或改变它的材质、包装呢？

思考和实践

我们身边的电脑、手机，更新换代的速度越来越快。你想过这是为什么吗？我们出现了什么问题？ 生产厂家出现了什么问题？有什么样的解决方式？

案例 欧洲零废弃小案例

近些年，欧洲出现了各式各样推崇绿色低碳生活、践行零废弃原则的商店、酒店，在欧洲刮起一阵绿色消费的旋风。

意大利的"短链商店"（Effecorta）：所有商品都产自当地，运输销售过程产生的污染少；更关键的是，商品都没有任何包装，顾客们需要自己带着瓶瓶罐罐来"装饼干""打浴液""灌红酒"。出门太急没带袋子？没关系，贴心的容器租用服务可以帮你把吃的用的装回家。

短链商店

　　德国柏林的"零包装商店"(Original Unverpackt)：全部提供散装商品，消费者需自带容器，以灌装等形式将其买走。店内所售的环保生活用品以及不定期举办的讲座，可以帮助顾客全方位打造零废弃生活。

零包装商店

意大利的一家零废弃酒店：无论是客房、餐厅还是公共区域，都看不到任何一次性用品，连带包装的物品几乎都见不到；所有的洗发水、浴液甚至保洁员用的各类消毒液，全部都是从反复使用的大容器中分装出来的。酒店设立了特制垃圾桶，对所有垃圾进行严格分类，厨余垃圾被制成肥料播撒在花园中，有害垃圾和可以捐赠的二手物品也分别有着自己的去处。

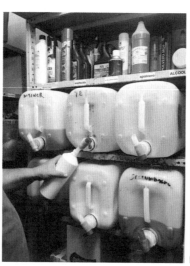

零废弃酒店

3.3.2　选择不会产生垃圾的商品

我们再来说说"人"。每个人都是垃圾的受害者，又是垃圾的制造者，因为人人都在自产垃圾。我们每个人既可能成为黑魔法的施咒者，也可以成为使用白魔法的拯救者。区别就在于不同的选择。

是用菜篮子、布袋子，还是一次性塑料袋？是用普通餐具还是一次性筷子？是继续使用现在的手机，还是更新换代？家具、电器坏了是修修补补，还是丢掉买新的？

人生是一段段不停地买新东西、再不断丢弃的旅程，还是一个可以轻装上阵、摆脱物质束缚的成长之旅？

　　我们之前谈论的是"物"——产品设计的问题，强调的主要是生产者方面的责任。但不可否认，产品设计也常常是为了迎合消费者的需要。一味追求"便利""时尚"甚至"高大上"等消费观念，导致很多人不知不觉陷入"黑魔法"的怪圈，以自己的消费选择，鼓励了不顾及环境成本的生产者和商家。这就需要更多人从消费者的角度转变思维，在购买和使用行为中施行"白魔法"。比如：

- 不使用一次性物品；
- 延长物品的使用期限，以维修和保养来代替丢弃；
- 不购买过度包装的商品；
- 东西够用就好，用追求品质代替追求数量；
- 纸张双面打印，充分利用；
- 消费时，关注商品的环境友好度，如是否使用环保材料，能否有专门的回收服务等。

【生活实践】源头减量，从"出门N件宝"开始

在源头减量的众多方法之中，"出门N件宝"是最实用、效果最突出的。

1. 水杯

如今，矿泉水、饮料几乎是人们出门的标配。许多人认为：瓶瓶罐罐只要卖了废品，资源就再生了，就环保了。可是，资源再生的过程要耗费多少资源？以塑料瓶为例，回收过程需要人力、运输成本，加工厂耗费水、电资源，更排出废水废气，如果遇到不正规的小作坊式的再生加工厂，其对环境的伤害更加严重。

只为喝一瓶水，就消耗那么多自然资源和社会资源！得失之间，孰轻孰重？其实我们只需随身携带一个水杯，就能减少一次性杯子、饮料瓶、易拉罐等许多垃圾。何乐不为？

2. 便携式筷子

一次性筷子，无论从资源节约的角度、垃圾减量的角度，还是从食品卫生的角度看，都不是好的选择。配置一副自己专用的便携式筷子，外出时随身携带，非常必要。

3. 购物袋

很多人去购物，往往除了钱包什么也不带，却能大塑料袋小塑料袋满载而归。这些塑料袋，一小部分被重复使用，或当做垃圾袋，绝大多数则被丢弃，成为白色污染。

　　所以不能只图方便，而应从自己开始、从随身携带几个购物袋开始改变。一点点习惯，也会有很大的成效。

　　4. 手帕

　　在生活中，纸巾已全面替代了手帕的功能。而顶着"消毒"名义的湿巾，由于其"石油副产品"的身份，更是难以降解的垃圾。"随手一抽"这一习以为常的动作，就会产生非常多的垃圾。

　　在家时，完全应该用水洗手，再用毛巾擦干；外出时带一块手帕，既卫生又环保。

　　5. 饭盒

　　饭盒算不上出门必备的"标配"，但带上它，常可应付不时之需。

　　如在餐馆用餐没能"光盘"，打包会消耗一次性餐盒，随身携带的饭盒就能解决这一困扰。如果临时购买豆腐、熟食、面点等散装食品，饭盒也能代替塑料袋。

出门 N 件宝

【 生活实践 】买蔬菜水果时的垃圾减量

蔬菜贴价签

大部分超市卖蔬果时会提供免费的分装袋，也有一些超市允许将价签直接贴在蔬果身上。作为消费者，购物时自带袋子，是最好的选择。

草莓包装

菜市场里怎样买水果？以草莓为例，自带购物袋或重复使用包装盒，都是不错的选择。而第三张图嘛……每个草莓都用无纺布小口袋独立包裹，这样的过度包装实在太夸张了！

【你我身边的"减废达人"】

在北京，按照 2015 年市政垃圾清运量核算，平均每位市民每天丢弃 1 千克左右的垃圾；而在中国台湾的的台北市，相应数字为 0.37 千克。

海丽是一位北京市民，她们全家四口人，每月总共只丢弃 2 千克垃圾。这令人惊讶的数字背后，是更加令人惊讶的努力。

为了减少垃圾总量，海丽几乎从不给孩子购买小包装零食。家里也几乎不使用纸巾，而是用毛巾和手帕，就连儿子生病擤鼻涕用的都是消过毒的手帕。海丽出门会随身带着饭盒，以便随时买面包、打包剩饭。为了节水节能，孩子洗完澡的水用来拖地。

在她家，所有东西都可以被系统地分类处理。包装纸盒、纸箱，海丽会精心地去除上面的胶条，送给附近的网店或者农场再次使用；含金属的牛奶包，海丽会取下上面的塑料瓶盖，洗净后，展成一张一张储存起来；厨余垃圾，则自己堆肥使用。

买菜时，海丽不使用超市免费提供的分装塑料袋，而是要求营业员称量好蔬菜后，把价签贴在自己的大购物袋外面。营业员一开始不答应，但海丽耐心沟通，说服了超市认可这样的节省行为。

海丽坚持不使用超市免费提供的分装塑料袋

由于曾经从事布艺工作，海丽还会巧妙地利用和改造自己家的和朋友送来的旧衣服：成色好的，捐给慈善机构；毛衣拆成毛线制作地毯，旧布缝成钱包、垫套、袋子等有用的东西，再作为"珍贵的礼物"返送给朋友们。

海丽认为，在承担社会责任的链条中，个人的齿轮一旦转动，就可以带动家庭、带动社会。

 思考和实践

1. 自己在生活中哪些做法已经实践了垃圾源头减量？是已形成了习惯还是偶然的举动？请你写下来。

   已成习惯的：

   偶然做过的：

2. 对于垃圾源头减量，你在生活中还能做出哪些改进？请进行至少两项新的实践，注意一定要选择你能够做到的事情，并确实付诸实践。

   实践1：

   实践2：

3. 挑选一种商品包装，对它进行垃圾减量化重新设计。

3.3.3　3R 的优先次序

　　源头减量、重复使用、回收利用，"三大白魔法"，我们都已学习完毕。必须强调的是，这三条魔法的"魔力"并不相同，它们有明显的强弱次序。

　　聪明的你一定早就发现了。没错，最强大的白魔法是源头减量，它是一切白魔法的源头，能将黑魔法扼杀于垃圾产生之前；其次是重复使用，物尽其用，延长物品的使用寿命，推迟其变成垃圾的时间；最后才是回收利用，将垃圾再次变成资源。

　　源头减量＞重复使用＞回收利用。三者的顺序千万不能搞错哦！否则就会有人以为，只要把饮料瓶拿去卖废品就是垃圾减量了，而不去反思为什么要消耗那么多饮料。

3R 优先次序

　　这三条"咒语"的道理其实很简单，但做起来似乎有点儿难度。你能做到其中哪些呢？能坚持做吗？能带动身边的朋友一起做吗？能挑战更高难度的白魔法吗？

　　在掌握 3R 理论之后，现在让我们再次回顾总结，看一看，"废弃物与生命的秘密"到底藏在哪里。

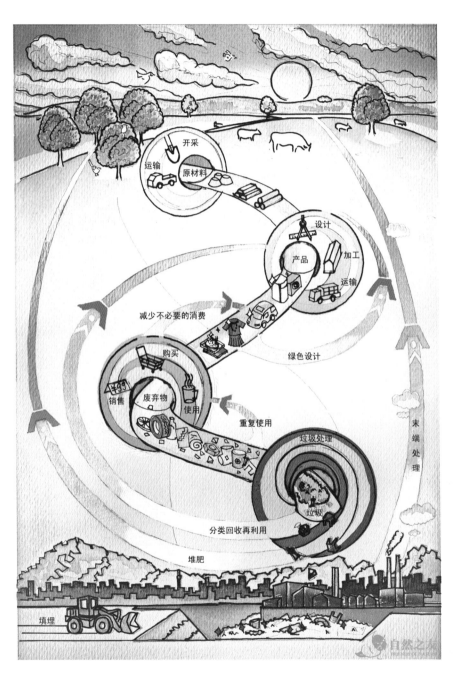

废弃物与生命的秘密

零废弃，创造未来的白魔法世界

掌握了"三大白魔法"，就拥有了对抗黑魔法的能力，就有希望把垃圾变少，再变少……最好能无限接近于零。这，就是"零废弃"的目标。

零废弃（Zero Waste），是要让产品从设计、生产、包装、使用，直至最终废弃处置的全过程，都得到妥善管理，使得最终被废弃的剩余物接近于零或基本无害。

"零废弃"真的可以实现吗？无论是个人还是社会，通过源头减量、重复使用、回收利用的方式，就可以不产生垃圾、不需要垃圾填埋场或者焚烧厂吗？答案是否定的。

无论是个人、家庭、学校、城市乃至一个国家，"零废弃"是一个美好的愿景，是需要不断努力逐步靠近的一种状态。尤其在追求经济发展和过度消费的当下，"零废弃"就显得更为重要了。

目前，全球许多国家和地区都在开展"零废弃运动"，采取各种行动和措施去努力实现零废弃这一环境管理目标。

3.4.1 从"正三角"到"倒三角"

如果人类总是在垃圾产生之后才去应对，那就永远只能在"填埋好还是焚烧好"的争论中焦头烂额。幸好有"白魔法"能帮助人们看清方向。

2008 年，欧盟委员会出台了"垃圾指令"，要求其成员国在制定本国垃圾管理法规时，必须遵循治理方式的优先次序原则，即要以预防垃圾产生、重复使用、分类和循环利用（包括堆肥）为优选，并配套相关政策措施，严格控制焚烧和填埋，设置严格的能源利用水平要求，并不断提高污染控制的行业准入标准。

2012 年，欧盟委员会又发布了"欧洲资源效率路线图"，提出要在2020 年以前停止将可回收和可堆肥废弃物送入焚烧厂，并建议垃圾管理的资金支持也应遵循优先次序原则，即在循环利用一端加大投入，而不是把钱都花在末端处理（填埋焚烧）上。

欧盟"垃圾指令"的优先次序原则，简明来说就是下图的"倒三角"。

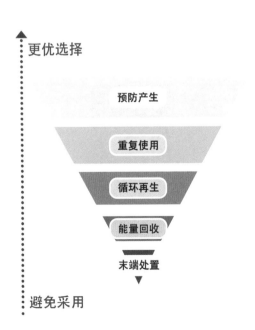

如图所述，垃圾问题的首要解决方式是位于图示顶端的"预防垃圾产生"的政策措施。其次，当物品一旦可能废弃时，最好的方式是延长其使用寿命，避免其真正进入废弃物处理流，即"减量"。居于图示中间的是"循环利用"，它包含可降解有机物的好氧堆肥和厌氧消化处理。在此之下才是可以使一些资源类物质或能量得到一定程度回用的处理方式，包括达到相关标准的焚烧产能和填埋气利用项目。如果焚烧和填埋资源或能源利用水平很低，那么就属于最底端、最不应该选择的"处置"级别。

很显然，这座关于垃圾管理对策优先次序的"金字塔"必须是倒置的。如果正置，说明更多的垃圾仍以填埋和焚烧的方式暂时消纳或转移到土壤、地下水或空中，所谓的次序选择和改革方向指导也就彻底失去了意义。

"零废弃"理念，是以零焚烧、零填埋、资源最有效利用为目标的。即使至今尚未有一个国家，甚至一座城市达到这样的目标，但有志于此的国家或城市，一定不会停下自己向前努力的脚步。每一点成功都会孕育出继续自我完善的雄心壮志，从而激励废弃物管理持续发展进步。

相关视频：喜欢，就扫我吧！

电子产品的故事　　　　东西的故事　　　　塑料微粒的故事

（以上视频均由 Story of Stuff Project 授权使用）

3.4.2　走向零废弃——愈发清晰的全球共识

我们都知道，日本是将垃圾分类几乎做到极致的国家。但你很可能不知道，在全球各主要经济体中，日本的垃圾焚烧率也是最高的（2013年统计数据为78%），厨余垃圾在绝大多数地区甚至被归为可燃垃圾，也被送进焚烧厂！而且，日本至今为止未出台抑制垃圾焚烧的国家政策。

与此形成鲜明对比的是欧洲。

根据欧盟统计，2013年其成员国平均垃圾焚烧率为26%，不仅没有一个国家超过日本（最高为爱沙尼亚，64%），而且四个人口大国、同时也是经济最发达的德国、法国、英国、意大利的焚烧处理率分别为35%、34%、21%和21%。这样相对低的焚烧处理水平，并非它们的产业"落后"或还在"发展中"，而是这些国家、乃至整个欧洲社会已经渐渐明确，焚烧技术不是彻底解决垃圾问题的优选方案。

丹麦是欧洲垃圾焚烧比率最高的国家之一（2013年为54%），但2013年其时任环境部长向媒体表示："丹麦要循环利用更多，焚烧更少。"同样，2014年法国环境部长表示："焚烧是过时技术，在废弃物收集和能源转化方面，许多技术都比垃圾焚烧环保且合理得多，所以必须通过强制手段来停止焚烧垃圾。"

以零废弃为目标的垃圾管理道路实际已经越来越成为国际社会的共识。2013年，联合国环境署（UNEP）和训研所（UNITAR）两大机构联合发布了《国家废弃物管理战略指南：将挑战化作机遇》（以下简称《指南》），推动并指导各国制定符合本国实际的垃圾管理战略。

该《指南》对"零废弃"理念给予了肯定："拥抱零废弃理念，意味着认识到控制垃圾产生量和提高循环利用率还不足够，整个社会要有最终完全消灭废弃物的远大目标。零废弃的目标体现出永不停顿的垃圾管理改革精神和实践——人们要在一个阶段性目标实现后，继续向新的困难进行挑战。零废弃其实就是一个很实用的目标，它能不断提醒人们要超越自己的短视，坚持把握住改革根本且长远的方向。它更提醒人们要为这样的目标设置分阶段、具体的、可衡量的分目标，因为只有这样才能不断逼近废弃物完全消失的理想状态。"

案例 1 | **米兰，餐厨垃圾循环利用的典范**

可降解的有机物，如餐馆和家庭产生的厨余垃圾、花园庭院产生的园林绿化垃圾，其循环利用是零废弃实践的关键，也是区别欧洲和日本垃圾管理特征的重要指标。

由于日本各地的垃圾分类方案将占垃圾总量三成以上的餐厨垃圾视作可燃物进行焚烧，全国循环利用率不足 6%，而欧盟整体已经达到15%。

意大利米兰市在餐厨垃圾的分类和循环利用方面走在了欧洲的前列，其有机垃圾（包括厨余和绿化垃圾）的分类收集率已高达 84.7%，这也使该市整体的垃圾分类收集率达到了 51%。市政部门的持续监测显示，厨余垃圾中污染物（主要是不可降解物质）的含量仅为 4.54%。如此高纯度的有机垃圾经过转运和简单预处理，便送往堆肥厂堆肥，产出的高质量有机肥最终回馈给了市民。

米兰厨余收运

旧金山，引领"零废弃"潮流

"零废弃"运动的开始，和美国加利福尼亚州（以下简称加州）及其重要城市旧金山的创新引领有关。

早在 1989 年，加州就立法，要用 10 年时间，将垃圾填埋分流率从 10% 提高至 50%。至 2002 年，旧金山市进而提出挑战，要在 2020 年彻底实现"零废弃"，即垃圾零填埋和零焚烧。截止到 2014 年，旧金山垃圾填埋分流率达到了 72%，而且没有一座焚烧厂在建设或运行。

便捷、高效的垃圾分类和循环再利用系统是旧金山市不断逼近其"零废弃"目标的保证。旧金山市通过立法强制要求市民和社会单位按"可回收物、可堆肥物、填埋垃圾"分类投放垃圾。

可堆肥物是整个分类体系成功运转的关键。目前其守法投放率达到 95% 以上，污染率则控制在 1%~2% 以内，全市每天收集到的高品质可堆肥物达 700 吨以上。

旧金山市负责零废弃推动的官员杰克·梅西（Jack Macy）将他们的成功经验归结为如下几点：

1. 立法保障。2009 年，旧金山市通过了强制垃圾分类、违者担责的法律。

2. 经济杠杆。垃圾清运和处理费用按照不同类别垃圾桶的容量来确定，谁产生垃圾多，谁多付费。

3. 技术保障。拥有三座堆肥厂及其他大型循环利用设施，保证分类好的垃圾有地方处理、消纳。

4. 回馈市民。分类收集的可堆肥物经过好氧或厌氧发酵，成为良好的有机肥，直接被附近农场或葡萄园利用，最终以有机农产品的形式再次回到市民餐桌，实现了良性循环，也带给市民继续支持垃圾分类的正向激励。

5. 不懈宣教。垃圾分类，尤其是堆肥，已经成为旧金山市的显性文化，市政部门为此投入了大量资源进行倡导和教育。

6. 持续监控。市政部门定期或不定期对垃圾投放情况进行监测，如遇违法现象会及时发出行政警告，并对违法者进行劝导。

案例 3　名古屋，日本垃圾管理变革的先锋

虽然日本整体而言是一个典型的"焚烧型"社会，但近年来其中央政府、专业界、民间组织都在努力倡导"循环型"社会的创建。

名古屋市被称作日本的"环境首都"，该市在垃圾管理上走出了一条有别于日本其他地方的路子。其对垃圾焚烧处理的依赖度明显低于日本其他都市，年焚烧量已从 1998 年的 100 万吨降至 2006 年的 70 万吨，比率从 87.8% 降至 64.8%。按规划，到 2020 年要进一步降至 51.9%；到 2033 年降至 40% 左右。

要实现焚烧处理明显减量，提高餐厨垃圾的循环利用率是关键。名古屋市政府为了鼓励食物垃圾的循环利用，限定了焚烧厂垃圾处理的最低价格：每千克 25 日元，而堆肥厂的收费为每千克 20 日元，间接鼓励了垃圾产生者尽量将厨余送往堆肥厂处理。而其堆肥厂的有机肥产品，包括土壤改良剂，有一些是销往中国的。

案例 4　志布志市，零焚烧成就日本垃圾分类第一市

位于九州鹿儿岛县的志布志市曾是日本垃圾分类和减量的冠军。2012 年，志布志的垃圾循环利用率高达 74.9%，而日本全国平均只有 20.6%。

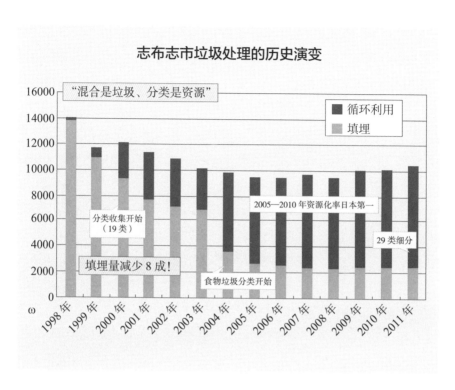

让人很难想象的是，1998 年时的志布志生活垃圾几乎全部填埋，循环利用率还不到 0.5%。也就是说，在短短 10 年间，该市就通过源头减量、分类和循环利用，实现了垃圾管理模式的大逆转，成就更加令人惊叹。据统计，1998 年该市垃圾排放总量和填埋量分别为 14054 吨和 13984 吨，2011 年分别降至 10069 吨和 2318 吨，13 年间的降幅分别达 28.4% 和 83.4%。

志布志市历年垃圾处理情况统计

单位：吨

	1998	1999	2004	2005	2006	2009	2011	2015（计划）
最终处置量	13,984	10,970	3,658	2,707	2,567	2,453	2,462	2,318
资源化量	70	799	6,210	6,757	6,908	7,619	8,021	7,751
合计	14,054	11,769	9,868	9,464	9,475	10,072	10,483	10,069

巨大的改变是从 1998 年开始的。当时，垃圾处理的危机正在慢慢逼近：填埋场将在 10 年之内饱和；若兴建焚烧厂，过于昂贵，且居民对于环境问题、气候变化的关注意识不断提升。于是，市政府决定不建焚烧厂，转而想方设法降低填埋量。

行政部门使出浑身解数宣传垃圾分类，每户居民都收到详尽的分类指南指导他们正确投放垃圾。2005 年以来，志布志市居民已将生活垃圾分成至少 28 类。

其中食物垃圾单独分成一类，鼓励居民自行堆肥，或配备专门容器由市政回收、生化处理。而在日本其他地方，食物垃圾多被归为"可燃物"，送去焚烧。正是志布志市多年来坚持"零焚烧"方针，才给垃圾分类特别是食物垃圾的循环利用注入了根本动力。

志布志市民多年努力的结果不仅仅是垃圾填埋量减少 80% 以上、填埋场寿命至少延长 30 年，而且人均垃圾处理成本也降低至日本平均水平以下。该市目前的循环利用目标是 90%~95%，他们有信心采取更多减量措施去达成这一目标。

案例 5 首尔市——全面的零废弃管理

韩国首都首尔，拥有非常完整的废弃物管理系统，从制度上促使零废弃得以实施。

例如：首尔规定，除了外卖，所有堂食的餐馆一律禁止使用一次性筷子、一次性杯子。仅这一项禁令，就减少了许多资源浪费。玻璃瓶也有押金制度，喝完牛奶可以就近把瓶子退给便利店，拿回押金。

在首尔，厨余垃圾和不可回收垃圾都必须在正规超市购买专用垃圾袋，并分别投放，违者会被重罚。居民购买垃圾袋，等于缴纳了垃圾处理费，谁产生的垃圾多，付费就多，公平合理。

　　每天夜里市政垃圾车会把各家各户的厨余都收集起来，运到厨余处理厂，制成肥料、饲料，或用来产沼气。由于居民分类率很高，市政收集到的厨余也非常纯净，所含杂质仅为 2%~3%！

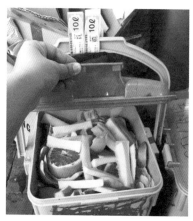

首尔厨余分类

　　首尔禁止填埋厨余垃圾，全市每天产生的三千多吨的厨余中，绝大多数得到了再利用，利用率已经达到95%。这个数据在全世界都是最领先的！

首尔清洗后的牛奶盒

　　入夜后的首尔街头，居民会把收集好的各种可回收物堆在路边，等待市政的资源回收车把它们运走。在资源回收分拣中心，收集来的各种可回收物经过机器分选和人工分选，被细致地划分为很多种类，运往韩国各地的资源再生工厂，制成新的产品。

首尔垃圾分拣

　　居民分类做得这么好，难道都只是凭自觉么？其实道理很简单：在首尔，分类投放可回收物并不需要缴纳垃圾处理费，所以人们会尽量准确地收集可回收物并按规定放置在指定位置，以减少个人购买付费垃圾袋的支出。所以，经济杠杆也在悄悄地起着作用。

相关视频：喜欢，就扫我吧！

三个小学生的环保之旅
（宜居广州生态环境保护中心授权使用）

第四章

白魔法学校

从之前的课程，我们比较系统地了解了垃圾的产生 / 来源、垃圾的去向 / 处理、垃圾减量等内容，对于垃圾问题产生的根源、国内外垃圾管理，以及垃圾减量的方式都有了初步的了解。然而，如何加深理解所学的知识，真正去面对和回应周边的垃圾问题呢？最重要的是实践！

这一章，我们将重点关注实践。首先，我们通过零废弃校园案例，探索如何在学校逐步实现零废弃；然后，看一看个人如何在生活中践行 3R 理念，反思并改变我们的日常生活和消费行为。

走进泰国的白魔法学校——曼谷黎明学校

你听说过"白魔法"学校吗？这些学校的学生不仅像你一样每天和小伙伴一起上课学习、锻炼身体，而且还学会了各种"白魔法"来减少学校里的垃圾。校园里也提供了很多让大家练习和实践"白魔法"的课程和场所。所以人们也把这些学校称为"零废弃学校"。

在泰国曼谷的近郊，就有一所神奇的"白魔法"学校。学校的名字泰语发音为 Roon Aroon，翻译成中文就是黎明的意思。经过一番努力，这样的学校一年就可以将垃圾量减少 80% 以上。我们来参观一下，看看黎明学校是如何实现神奇的白魔法的？

黎明学校外观

4.1.1　亲自然的环境

教学楼

校园食堂

　　黎明学校虽是城市学校，却和一般校园不同，周围环绕着一大片树林和水田。具有泰国传统风格的校舍并不很高大，却美观自然，隐藏在绿荫之间。校园内树木葱茏、鸟语花香，伴随着学生们稚嫩的欢闹和读书声。

　　亲自然的校园环境，不仅让人赏心悦目，其实也为施展"白魔法"提供了良好的场所。我们知道，自然界中是不存在"垃圾"的，所以尽量增加自然区域，就可以借用生态系统的力量，来帮助我们净化环境。校园周围有一个小池塘，看上去普通，却为校园的用水循环、污水处理起到了重要的过滤功能。此外，学校中的"堆肥课"，也需要借助自然的力量来进行，而校园周围丰富、健康的生态系统，就成为这门课最重要的教学资源。因为泰国是世界重要的稻米产地，学校要求这里的学生从小学习种植稻米，认识稻田湿地生态。校园周围的水田，其实也是学生们辛勤劳作、学习种稻米的重要课堂呢！

4.1.2　一年时间，零废弃校园大变身！

2004 年之前，由于没有垃圾减量和分类措施，黎明学校每天产生大量垃圾，每周结束时，垃圾袋就会堆成一座"垃圾山"，臭气满天，蚊蝇滋生。

垃圾成山

面对这种情况，一位老师发起了"零废弃校园"行动，他认为地球上没有真正的"废物"；他相信所有废物都可以再利用或回收利用；他想教他的学生掌握改善环境的方法，唤醒和加强学校社区的"公共关注"，大家一起为校园环境承担责任；他想从每件小事开始，并最终培养校园师生的零废弃生活习惯。

于是，这位老师与校长取得了一致，黎明学校开始了零废弃探索之路！

首先，师生一起对学校产生的垃圾种类做了全面调查，发现校园中产生的废弃物以饮料瓶、厨余和纸张为主。因此，将学校的分类系统设置为三类：食物残留（可以作为饲料）、可分解（用于学校农业的堆肥）、可回收（可以出售给回收企业）。

第二步，教师和工作人员自愿参加"环境卫士"活动，他们给废弃物分类、记录统计数据、分享各自对垃圾的问题和想法。而学生开始负责维护学校的各类回收站、回收车，遍布校园的回收站每天都将"垃圾"转换为"宝藏"。

第三步，师生从"分类"逐步走向"减量"，全校开始零废弃教室活动，每个班级都想办法减少废弃物的产生，同时学生开始倡导所在家庭尽量减少包装等废弃物的产生，将零废弃理念延伸至家庭与社区。

零废弃使校园大变身。图为干净优雅的教师办公室。

是不是很羡慕这样的校园环境？一起来看看他们具体是怎么做的吧。

4.1.3 白魔法小屋——校园回收站

漫步在美丽的校园，看不到常见的垃圾桶，却时不时能看到一些独特的装置。一般是一个棚子加一个重新粉刷过的旧橱柜。柜子上有很多抽屉，周围还贴着花花绿绿的标志。

棚子

分类标识

旧橱柜

小回收站

有的很小，比如这个，就在教室的附近。

小回收站

有的大一些，柜子和抽屉也更多。

中回收站

还有一个校园里面最大的，不只是一个柜子，而是在一个棚子里面，由很多的柜子、架子、罐子、桶等紧凑而有序地摆放其间。

大回收站

你看出来了吗？这些校园"回收站"，就如同一个个白魔法小屋。一些看上去暂时用不到的东西，并不会马上进入垃圾箱、被"黑魔法"遗弃，而是由孩子们一双双小手细心收捡，再进行分类、整理、清洁，最终通过各种再利用、再回收的计划，得到妥当的处理。

不信？我们就来仔细看看这些白魔法小屋是如何发挥作用的吧。

挂在各个教室门口的清洗过的各种塑料包装

这里的孩子们也会使用塑料袋，也会在喝完牛奶和饮料后剩下包装盒与塑料瓶。但他们并不把这些当做垃圾丢掉，而是仔细清洗后晾干。其实，谁说塑料袋就一定不好呢？只要洗干净，再次使用，塑料袋还是很实用的呢。

——但是，需要注意：曼谷是一个水资源相对丰沛的地区，所以在黎明学校用水来清洁各种包装物是合理的选择。这样的方式不一定适合缺水的地区。

这些清洗过的包装，可以让有需要的人使用。积攒下来的，就会送到小型回收站，分门别类地放在不同的抽屉里。当小型回收站也积攒到一定程度，就会送到中型回收站。

中型回收站里会多出一个特别的收集桶，专门来收集可以进行堆肥的厨余垃圾。能够放进桶里进行堆肥的东西，都画在这里了，看看和你想象的一样吗？

垃圾站的每个抽屉，都放着相应的物资。

按照这里绘制的标识图案，各种包装物就会临时在这里驻扎啦。

分类标识

经过一段时间的积累，中型回收站的物资就会转移到最重要的大型回收终端了。在这里，所有的东西都被尽量分类到极致。

在这个架子区域，各种类别的塑料包装物要按照这些指示标分别放置。

保鲜包装盒也有专门的存放区域。所有的牛奶纸包都是由孩子们及时清洁处理过的。这些干净的包装盒，通过巧手加工，还将变成手提包等日用品。

清洗牛奶包

猜猜这里面密密麻麻的是什么？

订书钉！回收废旧作业本、杂志时，去除订书钉可以让纸张更容易被再生利用。而积攒下来的订书钉，竟然也能有这么多呢！

　　各种金属小零件、文具等在这里分门别类，细致程度令人叹为观止！

　　这个大型回收终端的意义，还不仅仅在于集腋成裘，让废弃物资积攒到一定数量统一回收处理。更重要的是，它能让同学们更容易地进行修理和替换。试想，如果有人的圆珠笔少了某个零件，他完全可以到这个"宝库"中来寻找替换的材料，而不会轻易丢掉这支笔去买个新的。或者当同学们需要用到一些材料和工具的时候、需要绳子进行捆扎的时候、需要找一些容器的时候，也一定可以先从这里着手寻找可用的物资，而不是去买新的材料。

这个大型白魔法回收终端是不是很酷？后面还有更神奇的呢。就在这里的墙上，挂着一幅彩色的海报。

看上去，是不是和我们之前的《废弃物与生命的秘密》的循环图很相似呢？（请翻回到第 117 页，回顾一下我们的图吧！）

没错，只要是世上寻找白魔法的伙伴，尽管语言和文字不同，分散在不同的地方，但心里的想法都是相似的，那就是：如何让人类社会的物质循环能够最终回归到自然中去，如何构建健康的循环路径，让黑魔法越来越少。

4.1.4　白魔法加强——校园堆肥课

你可能也注意到了，大型回收终端里，并没有堆肥桶。那么那些可以用于堆肥的厨余、果壳、落叶等，都去哪儿了呢？看，这里就是堆肥课老师的办公室了。

下面这位，就是专门教授堆肥的老师。他本来是个农场主，善于有机作物种植，也有着丰富的厨余堆肥经验。他希望将自己的堆肥经验传授给更多人，培养更多的"白魔法师"，于是离开农场来到黎明学校，成为一名专职"堆肥"课程的老师。

　　校园里所有的厨余和园林堆肥，都在露天的"教室"里进行，特别受同学们欢迎！因为这课程既新鲜有趣，又能不断看到自己辛勤劳动的成果进展，还富有环保意义，是零废弃校园中不可或缺的一部分。

每个班都有专门的堆肥课程。堆肥的开始，是把厨余垃圾放在浑身是孔的大桶中，同学们把这些大桶在土地上滚来滚去以减少水分。这样的活动既有利于堆肥，还可以锻炼身体，如游戏一般有趣！

接下来，大桶中的堆肥原料将以班级小组为单位堆放在指定区域，同学们每周都会照顾自己负责的堆肥区，不断观察堆肥进度。

随着时间的积累和同学们的照顾，厨余垃圾就一步步成为肥料啦！学校使用这些肥料进行蔬菜种植和园林施肥。利用亲手堆的肥种出的蔬菜，味道应该也很棒吧！

4.1.5　前端减量，推动生活方式改变

饮料瓶曾经是黎明学校里产生量很大的一个垃圾类别。通过最初的分类，很快，大量饮料瓶被分出来，进入循环再生。此时，大家并没有认为目标达到了，有学生开始关注更根本的问题——"为什么我们会产生这么多瓶子？饮料是必需的消费么？"对此，大部分孩子的回答是："饮料有甜味，比白水好喝。"于是集思广益，有了对策：泰国盛产水果，食堂就用水果榨汁、煮水提供给学生。从此，孩子们自然而然远离了对瓶装饮料的依赖，饮料瓶消费大幅度减少。

在最初启动零废弃校园计划时，师生们就统计出了校园产生的垃圾量：每天学校输送到市政环卫系统的垃圾总量为 206 千克。于是以此制作基线，用于核查未来垃圾量的变化。

令人惊喜的是，短短一年间，变化曲线飞速下降了八成多，达到了每天 29 千克！这样的数据充分证明，师生们的白魔法大显威力！

不仅限于校园，黎明学校还将"零废弃"理念逐渐推广至家庭和社区。如倡导家长和附近商家参与"绿色购物"活动，减少一次性购物袋的消费，促进环保容器的使用。

师生们有这样的共识：只有生活习惯改变，才能在未来逐渐接近"零废弃"目标。

这个神奇的"白魔法"学校，对你有什么启发吗？

4.2节

中国的白魔法学校——北京明悦学校

看完了国外的"白魔法学校"，我们再来看看自己的"白魔法学校"。

北京明悦学校成立于 2014 年，是一所年轻的私立学校。与泰国黎明学校"先遭遇垃圾危机、再想办法解决"的经历不同，明悦学校在创校之初就为自己设定了目标："成为一所零垃圾的绿色校园"。他们把校园当作一个大课堂，在潜移默化中培养学生的环保意识，使其不仅有能力解决现阶段生活中的实际问题，未来还可以系统性地解决全球加速增长的人口与自然和谐相处的问题。

明悦理想中的零垃圾校园，是每位孩子、每位老师都发自内心热爱和尊重自然，意识到保护环境的重要性，并从根本上改变自己的生活方式。

从"零垃圾"的目标出发，明悦建立了校园废弃物管理系统，从五个方面付诸实践。

明悦学校走廊展示墙，墙上的作品都是用废弃物制作的。

4.2.1　从源头减少不必要的消费，将惜物节俭变成一种习惯

从建校开始，明悦学校就没有买过办公用纸。一所学校如何做到不用买纸？原来，学校长期接受单面纸捐赠，不管是什么企业，或是家长及周围的朋友，只要有干净的、没有污染过的办公用单面纸，都可以捐赠给学校。

所有打印用的都是募集来的单面纸　　从捐来的单面纸上去掉的订书钉，也要单独收集

在明悦，所有的纸都会双面使用，物尽其用。从墙壁上展示的学生作业可以看到，孩子们使用的都是"废纸"，虽不整齐划一，却各有特色。

快递信封制作的字卡

在这种氛围影响下，明悦的孩子都有自觉节约用纸的意识：听写的时候，一张单面纸可以分成好几份来用；做字卡，用的是回收来的快递信封；餐厅的卫生纸，大家会一张分为两半来用；甚至有的孩子对于厕纸的使用都会自觉控制数量。

孩子们自己总结"厕纸使用多少张合适"：大便三张，小便两张

明悦学校会选择"环境友好型"产品，例如使用麦秸秆原料卫生纸、茶籽粉、环保洗手皂等，从源头上减少资源的浪费和对环境的污染。

明悦学校内尽可能杜绝一次性用品的使用。所有水杯、餐具都是非一次性的。白板笔也是可重复灌水的。为访客准备的公共鞋套是绒布质地，每次使用过后清洗了再用。每个洗手池边都挂有擦手毛巾，每位孩子也都有一条绣有自己名字的毛巾。

学校的午饭原本是由一家餐厅做好饭菜后装在铁盆里送到学校来，为了保温，餐厅会用保鲜膜封住盆口。后来学校购买了保温桶和乐扣饭盒，专门让餐厅每天送饭用，避免了保鲜膜垃圾的产生。

4.2.2　努力做到"零厨余"

　　明悦的教职员工和孩子们一起挑战自己，看看中午能不能做到一点儿都不剩饭。每天，白板上都会记录厨余产生量，孩子们进步越来越大。为了减少厨余，每一位小朋友都注意吃多少盛多少。

厨余垃圾量（kg）	备注
0.6 kg	
1.3 kg	啤酒等似菜汤 水 豆腐
0.7 kg	有娃子剩糊叛
0.5 kg	
0.4	米饭 土豆丝
0.3	米饭 西红柿 豆家
0.5	豆皮 肉丁

厨余称重表（11月）

序号	日期	厨余垃圾量（kg）	备注
1	11月1日	2.4 kg	肉西红柿、小量剩菜、面瓜皮
2	11月2日	1.3 kg	萝卜皮、剩菜、菜肴
3	11月3日		
4	11月4日	1.5 kg	蔬瓣 黑皮
5	11月5日		
6	11月6日		
7	11月7日	血 2.7 kg	小量剩饭、菜汤、还有小、似叶儿
8	11月8日	2.7 kg	萝卜 西葫芦 小量剩菜、萝卜叶子
9	11月9日	1.3 kg	小量水果皮 瓜皮
10	11月10日	0.4 kg	菜皮、小量剩家
11	11月11日	0.8 kg	菜汤、小量米饭
12	11月12日		
13	11月13日		
14	11月14日	1.6 kg	菜汤、剩果皮
15	11月15日	1.2 kg	小量剩菜、菜汤
16	11月16日	0.1 kg	红薯皮、菜汤
17	11月17日	0.7 kg	小量米饭、菜汤
18	11月18日	1.3 kg	菜皮、菜汤、小量剩菜
19	11月19日		
20	11月20日		
21	11月21日	0.8 kg	菜皮、小量面条
22	11月22日	0.8 kg	桃子、西葫芦、菜汤、小量剩菜
23	11月23日	0.5 kg	菜汤、西葫芦、小量面条
24	11月24日	0.3 kg	菜汤、桃子、剩菜剩饭
25	11月25日		
26	11月26日		
27	11月27日		
28	11月28日		
29	11月29日		
30	11月30日		

备注：桶内数据不含空桶重量（不含桶盖）　空桶重量为0.3kg

零厨余

　　有时还会有些剩饭，老师们会尽量打包回家，其余的会在学校自己的小菜园里进行厨余堆肥。

4.2.3 充分利用旧物

明悦的老师和学生会将日常生活中的废弃物积攒起来，一段段绳子、一个个饮料瓶，经过简单改造，都可以作为教具使用。

快递信封用来制作字卡；旧海报纸用来画烹饪流程图；图书架上的代书板是买鞋套剩下来的脚丫形纸板；外出学习时孩子们佩戴的卡牌是他们自己用快递信封和蛋糕绳制作的。

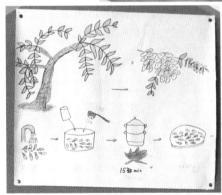

师生们还使用废旧材料进行再生艺术品创作。

碎布头缝制成小挂饰；矿泉水瓶剪开变成种植多肉植物的小花盆；卫生纸芯可以做成小猴子；纸壳箱做成圣诞树或者非洲面具；超市广告单做成森林画卷。孩子们还制作出了"垃圾乐器"，在音乐剧表演中大显身手。

　　废旧物品也可以有非常简单但十分有趣的作用：在明悦的图书室里，几个罐子里装有不同品种的过期豆子，代表着不同大类的图书。每位同学则拥有一个透明饮料瓶——每当阅读完一本书，即可取一粒对应品种的豆子放进自己的饮料瓶。这样，谁读的图书数量多、营养均衡（豆子品种丰富），一目了然。

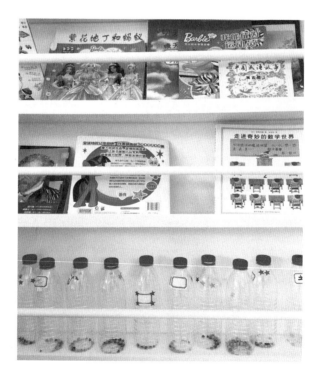

4.2.4 垃圾分类回收——从校内到家庭、社区

明悦学校在校内使用旧纸箱制作分类垃圾箱，每时每刻贯彻垃圾分类。除此之外，还利用校园环保站帮助周围的社区消化和处理垃圾。学校一进门摆着几个分类桶，用来回收塑料瓶、废旧电池、电子垃圾。每周一，是师生带可回收垃圾回校的日子。建校第一年，就回收了超过 15 千克的废旧电池以及两千多个饮料瓶，这些都是孩子们从各自社区带回来的。这些有害垃圾和可回收物，都转交给了正规的处理机构。

在孩子的带动下，家长们也积极参与到环保行动中。大家带来从工作单位收集到的单面纸和快递信封。家里的卫生纸芯会一个个收集起来，装满一袋子会送到学校给启蒙班做手工。

学校每隔一段时间会组织一次旧物交换二手市集，旧衣物、旧玩具与他人互换，互换余下的旧物统一捐给二手慈善商店。

此外，明悦的家长们还自发组织每周一天带着孩子去学校附近的罗马湖捡垃圾。

　　学校的日常生活会培养出孩子们的好习惯，即使在外出在游学途中，明悦的孩子也会自发地捡垃圾。在四川栗子坪大熊猫自然保护区，孩子们还制作了一份《倡议书》，希望以后来此地的客人们都能爱护周围的环境，垃圾分类不乱扔。

倡议书

一．請不要乱丢"不可降解"的垃圾；
　　如：塑料、铁、金属、泡沫、橡胶等．

二．請把看見的垃圾收集起来，带
　　下山。請不要烧掉"不可降解"的
　　垃圾，因为会产生有毒的气体，污
　　染环境。

徐栩馨 张明忱 王瑾　　王玉熙　　PQ
谢谢！　　白乙含 李静思 陈天怡
北京明悦学校 郭隔汐　　殷浩原　　2016.5.23
二年级

4.2.5 争建中国最"绿"校园

通过身体力行，明悦师生们见证了这所学校在垃圾减量上的突破，孩子和家长们也真真切切经历着改变。

一所学校的运营很难完全做到零垃圾，所以这个"零"更多是逻辑意义上的零，而不是一个实际意义上的零。只有尽可能地去减少垃圾的产生，尽可能妥善处理已经产生的垃圾，从点滴小事出发，才能无限地接近真正的"零垃圾"。滴水虽微，渐盈大器。

明悦学校不只要建设"零垃圾校园"，更要争做中国"最绿校园"，也就是要建设一座生态校园。其中，零垃圾系统是非常重要的一环。

其他四个系统分别是：校园能源系统、校园水系统、校园生物多样性系统（包括校园有机农场、养殖区、班级绿化角、落叶及餐厨垃圾堆肥）、绿色校园管理系统（如物资绿色采购原则）。

这五个系统，相辅相成，共同将明悦学校变得更加生态更加环保。

思考和分析

看过两所"白魔法学校"的介绍，请分析其中哪些部分体现了垃圾源头减量、重复使用、回收利用的概念与内容。

如何打造零废弃学校？

（一）调研：

分组调查学校垃圾管理现状，讨论并绘制学校垃圾流向图，以照片、图形、统计表格等形式呈现：

1. 目前学校的垃圾现状是什么样子的？产量如何？绘制垃圾流线图。

绘制展示图：校舍（教学楼、办公楼、宿舍）、操场、食堂、垃圾桶、垃圾转运站……

进行垃圾量数据收集、分类统计。

2. 目前学校的垃圾管理由谁负责？学生、教师、食堂、后勤保洁等，分别担任怎样的角色？

3. 学生和教职员工对垃圾现状的认识程度、对相关知识的了解程度如何？

完成问卷调查、统计图表等。

（二）分享和讨论：如何把自己的学校建立成一个"零废弃"的学校？

1. 学校垃圾管理现状调研汇报。

2. 现状问题分析（欠缺什么，包括硬件和人两方面）。

零废弃学校的垃圾管理应该是什么样子的？

以现有的垃圾流线图为基础，一边分析垃圾的循环线路，画出箭头（从分类开始，不同类别不同路径，颜色区分），一边补充所需要的设施（分类垃圾桶、运输车、堆肥场、环保小屋……）

还需要哪些人的因素（管理者、清洁工、师生……）？

依此办法逐渐呈现出零废弃学校的完整体系。

3.讨论对策。

新的垃圾管理体系如何运转？建立管理机制（成立委员会、调研、分析与规划、软硬件补充、教育等）。

讨论方式：贴卡片、绘图等。

（三）思考和实践：

1.基于学校垃圾管理调研和讨论，完成建立"零废弃学校建议书"，并递交给相关管理部门。

2.现在就开始！从能做的做起，从自己做起，从能改变学校垃圾现状的一个行动做起来！

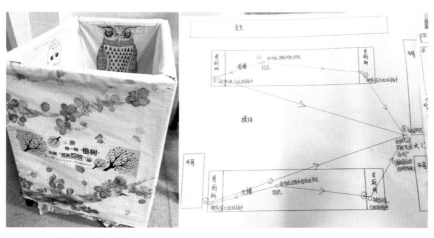

校园分类回收   校园调研

4.3 节

白魔法师挑战赛

整本书已接近尾声，回顾一下，我们已经学习了垃圾减量 3R 原则：源头减量、重复使用和回收利用，并通过国内外的案例，了解到 3R 的可行性。但是，我们每个人如何从了解到改变？如何在日常生活中践行？个人的实践、反思、再实践是非常重要的一环！

> **实践内容：个人"零废弃"挑战**
>
> 挑战目标：垃圾越少越好！
>
> 挑战内容：
>
> 第一周，观察并记录个人（或家庭）产生垃圾的种类和数量；
>
> 第二周，实践个人（或家庭）垃圾减量，并记录产生垃圾的种类和数量。
>
> 具体内容见下两页附表。

分享与讨论：

小组讨论：小组中每个同学展示自己的"零废弃"挑战成果：产生垃圾的重量、种类，分享实践心得与困难。

小组分析：在"个人零废弃挑战"中，哪些行为属于源头减量、重复使用以及回收利用。

小组总结与分享：1）"零废弃"挑战的感受如何；2）"零废弃"挑战遇到哪些困难；3）挑战期间有哪些引以为傲的减垃圾"壮举"。

实践内容：个人垃圾观察记录 & 垃圾减量实践记录

第一阶段：个人垃圾观察记录

月　日——月　日　　参与人　　

垃圾种类	第一天	第二天	第三天	第四天	第五天	第六天	第七天	合计
实践周期					垃圾产生量			
塑料瓶								
玻璃瓶								
易拉罐								
纸张（书本、试卷、文件、杂志、报纸、广告页等）								
硬纸包装（纸箱、纸盒、纸板等）								
软纸包装（牛奶盒、饮料盒、其他包装纸等）								
塑料包装（食品袋、日用品包装 塑料袋）								
一次性餐具（勺、杯、筷子、吸管、盒等）								
纸巾（擦嘴、擦手、擦桌椅等）								
实际发生的其他垃圾								
厨余垃圾（包括一日三餐和零食）								

任务：请记录个人一周内产生垃圾的种类和数量，填入表格。

说明：此实践不是考试或比赛，而是对自己真实生活的记录和反思。找到我一周产生了多少垃圾，分别是什么？

注意事项：

垃圾产生量可填写数量或重量。填写数量时，可每次画"正"字记数；方便称重的，可收集一周后再统一称重。

本表格仅列出常见垃圾种类，下方空白处可依据个人情况填写其他发生的垃圾种类。

关于厨余垃圾：清记录自己一周内产生的厨余垃圾种类（如剩饭菜、果皮、瓜子皮等）和产生量（可按产生时次数设计）；有条件时可拍照记录。家庭烹饪时产生的厨余垃圾，包括烂菜叶、菜邦、鱼骨头等，可估算一周总量，再按家庭产生总量除以就餐人数也可同样计算。

关于外出就餐：如果你前任何含有德基等地用餐，用餐过程中所有的一次性餐具、包装、托盘纸、纸巾等也需要分类计入表格中。

关于打包食物：外出用餐，如有未吃完的食品，打包再次吃完，则该食品不算剩菜；但是打包的一次性餐盒和塑料袋需要记录。

关于厕所用纸：不纳入此次的统计范围。

关于清洁用纸巾：如擦手、擦桌子的纸。需记录使用数量或次数，不可算作厕所用纸。

建议使用每类垃圾拍照记录。

我的感受：

实践内容：个人垃圾观察记录 & 垃圾减量实践记录

第二阶段：垃圾减量实践记录

实践周期	月——日	月 日					参与人	
垃圾种类	垃圾产生量							
	第一天	第二天	第三天	第四天	第五天	第六天	第七天	合计
塑料瓶								
玻璃瓶								
易拉罐								
纸张（书本、试卷、文件、杂志、报纸、广告页等）								
硬纸包装（纸箱、纸盒、纸板等）								
软纸包装（牛奶盒、饮料盒、其他包装纸等）								
塑料包装（食品袋、日用品包装、塑料袋）								
一次性餐具（勺、杯子、筷子、吸管、餐盒等）								
纸巾（擦嘴、擦手、擦桌椅等）								
实际发生的其他垃圾								
厨余垃圾（包括一日三餐和零食）								

我的"零废弃"经验总结（例如：减少垃圾的方法学到门？如何影响身边的人？）

挑战期间可以认为傲的减垃圾"壮举"：

我的感受：

160

每个小组推荐 1~2 名同学在全班做总结分享。

现场行动：列举最令自己困扰的垃圾种类，讨论后续该如何有效减量或处理。

 讨论与总结

1. 总结自己的"零废弃"挑战赛记录表，以自己喜欢的形式完成一篇感想心得。
2. 至少和一位朋友分享"零废弃"挑战赛的心得和改变。
3. 请继续坚持个人"零废弃"挑战，并争取影响身边的人。

尊敬的 ，

你已经看过了关于 "黑魔法" 和 "白魔法" 的一些基本信息，

感谢你的 耐心 和 热情！

现在 的问题 是，你是我们要寻找的 "白魔法" 少年 吗？

如果 你 愿意 和 我们 一起，加入 到 对抗 "黑魔法" 的

桃战 中，你就需要用自己的 聪明 才智 ，在自己的 生活 中 创造

更多美丽的 "白魔法" 。你还要和更多的 家人、朋友们 分享 你对于

"白魔法" 的 理解 。

希望你的学习之旅充满惊喜，出发吧！

参考书目

1. [法]卡特琳·德·西尔吉：《人类与垃圾的历史》，刘跃进译，百花文艺出版社，2005年。

2. [美]威廉·拉什杰、库伦·默菲：《垃圾之歌》，周文萍译，中国社会科学出版社，1999年。

3. [美]安妮·雷纳德：《东西的故事》，范颖译，浙江人民出版社，2014年。

4. [日]山本节子：《焚烧垃圾的社会》，姜晋如、程艺译，知识产权出版社，2015年。

5. 黄央：《厨余堆肥DIY：厨房垃圾变沃土》，中国轻工业出版社，2012年。

6. 北京市市政市容管理委员会编：《垃圾的故事》，北京出版社，2014年。

后　记

　　六年前的初夏，自然之友接到人民大学附属中学（以下简称人大附中）生物老师李彬的电话，希望合作开设一门环境主题的校本选修课。彼时的自然之友，正致力于垃圾管理领域的工作，也正筹划面向校园设计一门和垃圾"零废弃"有关的课程。记得我和李彬老师的第一次通话非常愉快，她表达了作为一名中学教师的理想——希望学生们不仅学到知识、拓展视野，也能有所行动，而这恰恰是自然之友对于未来"绿色公民"的期望。

　　我们一拍即合，决定立即启动课程开发。自然之友的垃圾管理项目团队、环境教育团队全力投入，终于有所产出。当年秋季学期开学，李彬老师所在的人大附中成了垃圾分类校本选修课的第一家试点学校，这也是"废弃物与生命"课程的前身。

　　在人大附中的两学期教学实践，为课程研发提供了重要的参考和提升依据，也让我们看到这门课程对于学生环保意识和行为的积极影响。因此，自然之友邀请了更多关注校园环境教育和垃圾分类减量的教师和会员，组成课程研发团队，不断改进教学体系，并在更多学校进行课程试点。

　　2013 年盛夏，一套升级版的课程在经过北京的四所中学试课后，终于正式定稿。这是自然之友和众多专业教师共同开发的一套具有环境教育精神的废弃物课程，通过对自然的理解与体验式的学习，引导学生认识、思考进而着手改善身边的环境问题。因此，大家为它起了一个富有寓意的名字：废弃物与生命。

　　我们都认识到：自然世界中充满了各种生命体，这些生命体相互连结成复杂的生命之网。物质和能量通过这些生命之网进行传递和循环，无论是大气和水的循环，还是四季的更迭、生命的演替，都离不开物质循环与能量流动。但是，人类的行为和活动，给生态环境带来极大的影响。很

165

多时候，人们会违反原有的自然规律和步调，甚至造成破坏和问题。人口聚集最多的城市，往往会在体现人类高度社会文明的同时，又成为各种环境破坏的综合体，如能源浪费、土地硬化、水源减少、大气污染等。尤其是现在所面临的垃圾围城问题，特别突出地体现了人类从生产到消费的循环过程中的种种迷思。

我们都相信：青少年正处于人生中思考和构建世界观、人生观和价值观的重要阶段。我们应该帮助他们建立宏观的生态观，同时培养对自然亲近的情感，使他们能自发地践行具有环境责任感的行为方式。

六年时间，从当年环保组织与中学教师的"一拍即合"到这门课程不断自我更新，从北京一所中学的课程实验到全国多个城市近百所学校的相继开课，从简单的课程大纲到学生用书、教师资料和支持体系，"废弃物与生命"走过了丰富而充满希望的一小段路程。我们相信，随着北大出版社正式出版这本定名为"垃圾魔法书"的教材，零废弃理念和环境行动一定会系统性地走入更多校园，成就更多有社会责任感和创新意识的教师开启更多富有意义和趣味的课堂之旅，为中国社会可持续发展培育更多"绿色公民"，为人与自然的长久和谐共存带来可能。

感谢这本教材最初的发起者——自然之友的宫悦、胡卉哲、张冬青和李彬老师，正是你们充满探索精神的行动，让一个思想的火花得以具象化和落地。感谢负责教材研发项目的历任负责人——黄毅纶、田倩、林莜竹和孙敬华，六年时间的担当和坚持很不容易，是你们的坚持让一个绿色梦想不断变大。感谢多年来教师研发团队的老师和专家——董雁、谢康、毛达、罗文、张萌、盛旻、李凤华、唐俊颖、桑希、徐晓文、方铭琳、李丽霞、李利民、张习文、卢雁频、余晓勇、刘昶、范缜……是你们一直以来的专业投入，让这本教材更加系统、科学。感谢人大附中、北京八十中、北京五中等学校，你们提供的校园沃土，让这门课程有机会从幼苗健康成长为小树。感谢利乐中国、北京市朝阳区科委、福特汽车环保奖组委会，是你们的支持和捐赠，让教材的研发和成长有了坚实的资源基础和更多的影响力渠道。感谢北大出版社，是你们的专业团队，助力《垃圾魔法书》顺利出版。

回望当下，垃圾问题依然是我们社会的巨大挑战，"垃圾围城"仍然在以不同形态影响着这片土地上的每一个人。垃圾分类减量与有效管理绝非一日之功，"零废弃"的社会也并不是海市蜃楼。只要我们更多人直面垃圾问题，从自身开始行动，从下一堂"废弃物与生命"课程开始行动。

行动起来，就有希望。

与各位共勉。

自然之友总干事 张伯驹

2017 年 6 月于北京朝阳